普通高等学校"十四五"规划城乡规划专业精品教材

城市形态要素

谭文勇　编著

华中科技大学出版社
中国·武汉

内 容 提 要

城市形态是指城市实体所表现出来的具体的空间结构和物质形式(狭义上),构成城市形态的具体要素是城市设计和城市空间研究的主要操作对象,了解和掌握城市形态的构成要素是从事城市空间设计与研究的基础。本书主要包括 4 章内容:第 1 章城市形态要素概论,介绍了城市形态与城市形态要素的构成;第 2 章城市形态控制要素,讲解了城市空间结构、城市轮廓线、城市廊道、城市轴线的相关知识和案例;第 3 章城市形态设计要素,介绍了路网、街廓、空间界面的相关知识和案例;第 4 章城市形态分析要素,讲解了城市肌理、图底关系、空间序列的相关知识和案例。本书可作为普通高等学校城乡规划、建筑学、风景园林等相关专业的教材,也可供从事规划、设计、施工等相关领域的工程技术人员参考。

图书在版编目(CIP)数据

城市形态要素/谭文勇编著. —武汉:华中科技大学出版社,2022.6
ISBN 978-7-5680-8272-3

Ⅰ. ①城… Ⅱ. ①谭… Ⅲ. ①城市规划-研究 Ⅳ. ①TU984

中国版本图书馆 CIP 数据核字(2022)第 079213 号

城市形态要素   谭文勇 编著
Chengshi Xingtai Yaosu

策划编辑:简晓思
责任编辑:简晓思
封面设计:王亚平
责任监印:朱 玢
出版发行:华中科技大学出版社(中国·武汉)   电话:(027)81321913
        武汉市东湖新技术开发区华工科技园   邮编:430223
录 排:华中科技大学惠友文印中心
印 刷:武汉开心印印刷有限公司
开 本:850mm×1065mm 1/16
印 张:14.25
字 数:301 千字
版 次:2022 年 6 月第 1 版第 1 次印刷
定 价:49.80 元

总　序

　　《管子》一书《权修》篇中有这样一段话："一年之计，莫如树谷；十年之计，莫如树木；终身之计，莫如树人。一树一获者，谷也；一树十获者，木也；一树百获者，人也。"这是管仲为富国强兵而重视培养人才的名言。

　　"十年树木，百年树人"即源于此。它的意思是说，培养人才是国家的百年大计，既十分重要，又不是短期内可以奏效的事。"百年树人"并不是非得一百年才能培养出人才，而是比喻培养人才的远大意义，要重视这方面的工作，并且要预先规划，长期、不间断地进行。

　　当前，我国城市和乡村发展形势迅猛，急缺大量的城乡规划专业应用型人才。全国各地设有城乡规划专业的学校众多，但能够既符合当前改革形势又适用于目前教学形式的优秀教材却很少。针对这种现状，急需推出一系列切合当前教育改革需要的高质量优秀专业教材，以推动应用型本科教育办学体制和运作机制的改革，提高教育的整体水平，并且有助于加快改进应用型本科办学模式、课程体系和教学方法，形成具有多元化特色的教育体系。

　　这套系列教材整体导向正确，科学精练，编排合理，指导性、学术性、实用性和可读性强。符合学校、学科的课程设置要求。以城乡规划学科专业指导委员会的专业培养目标为依据，注重教材的科学性、实用性、普适性，尽量满足同类专业院校的需求。教材内容上大力补充新知识、新技能、新工艺、新成果；注意理论教学与实践教学的搭配比例，结合目前教学课时减少的趋势适当调整了篇幅。根据教学大纲、学时、教学内容的要求，突出重点、难点，体现了建设"立体化"精品教材的宗旨。

　　这套系列教材以发展社会主义教育事业，振兴城乡规划类高等院校教育教学改革，促进城乡规划类高校教育教学质量的提高为己任，为发展我国高等城乡规划教育的理论、思想，对办学方针、体制，教育教学内容改革等进行了广泛深入的探讨，以提出新的理论、观点和主张。希望这套教材能够真实地体现我们的初衷，真正成为精品教材，受到大家的认可。

中国工程院院士

2007 年 5 月于北京

序　言

城市设计、城市设计理论与方法是许多建筑类院校都会开设的重要课程,在这类课程中,城市形态成为探讨的主要对象,而对城市形态的探讨自然绕不过对其具体要素的探讨。因此,熟悉和掌握城市形态要素的概念、构成和应用,对认知、理解和研究城市空间形态,乃至于设计城市空间都非常重要。在编者负责的城市设计和相关理论课程的本科教学中,城市形态及其要素也是重要的内容之一。

常言道,"教学相长"。从 2013 级开始,重庆大学城乡规划专业的城市设计理论与方法课程每年都布置了收集、整理和分析城市形态要素资料的作业,多年来积累了大量有关城市形态要素的基础资料,正是有了这些资料的支撑,本书才得以完成。

本书的整体结构搭建、章节内容组织和统稿工作由谭文勇完成,其中具体章节的编写分工:第 1 章谭文勇,第 2 章范星碧、蔡思源;第 3 章唐继淳,第 4 章周鼎。

本书是编者日常教学过程中多年积累的成果。感谢重庆大学城乡规划专业本科 2013 级、2014 级、2015 级、2016 级、2017 级的同学们,正是你们大作业收集、整理的有关城市形态要素的资料,促成了本书的启动与完成;同时感谢 2016 级硕士研究生郑洋、麻骞予、石逸彬、李若涵,2017 级硕士研究生詹晓惠、夏琴、张明睿、唐智莉所做的资料整理工作。在此一并感谢其他帮助本书完成的同仁们!

书中难免有错误和不当之处,请同仁们批评指正,谢谢!

谭文勇

2021 年 12 月 9 日于重庆大学

目　　录

第1章 城市形态要素概论

1.1 城市形态与城市形态要素

    城市形态(urban morphology)虽然有来自地理学、城乡规划学、建筑学、社会学、经济学等诸多领域的学者在研究,但是到目前为止还没有统一的能被普遍接受的定义。无论是从中文还是英文的字面上来看,城市形态和一般意义上的城市形状都是有差别的。中文"形态"一词可以理解为"形式"与"状态",或者"形式的状态"。英文"morphology"一词则来源于希腊语"morphe"(形)和"logos"(逻辑),意指形式的构成逻辑。因此,城市形态既包含不同尺度上城市物质实体的形式,也包含物质形式之间所呈现的结构关系,甚至还涉及各要素间的相互作用和组织关系。城市形态可以理解为由城市物质实体的形状(几何形状)、空间结构(形状间的位置、层级等关系)和审美上的整体氛围(人们体验和感知到的城市)所组成的一个空间系统。

    广义上看,城市形态由物质形态和非物质形态两部分组成,主要包括以下几个方面。

    ①城市各有形要素平面上的几何形状,包括城市用地在空间上呈现的轮廓、街道网络的形态、建筑布局的方式等。

    ②城市各有形要素三维上的几何形态,如城市轮廓线、广场、街道等界面形态。

    ③城市各有形要素间的结构关系,如整体与部分、部分与部分之间的拓扑结构关系,各要素间的形状关系、位置关系等。

    ④因地形地貌、水文气候等自然要素所形成的城市特色风貌,如山地城市、滨水城市、山水城市、热带滨海城市等。

    ⑤因社会群体、政治制度和经济结构所产生的城市经济社会空间形态,如社区空间分异、人口与经济密度分区等。

    ⑥因市民生活方式、文化习俗、价值观念等所形成的城市社会和文化特色,如平常谈到的"魔都""帝都"、休闲城市等。

    狭义上看,城市形态通常是指城市实体所表现出来的具体的空间结构和物质形式,体现出典型的物质属性(physical characteristics),大体上包括上述①～④项的内容。本书集中在城市设计领域讨论问题,所以城市形态限定在狭义的物质属性方面。同时城市形态体现在不同的尺度上,从单个地块到整个城市,跨越了城市微观、中观和宏观三个尺度。

城市形态是城市建设和城市规划的重要内容之一，它直接影响到城市发展的综合效果、城市与其周围腹地联系的便捷程度、交通组织和城镇群的合理分布，并且关系到城市生产、生活质量、城市改造等一系列问题。城市形态也是城市设计和城市空间研究的主要操作对象，正确认识、理解城市空间形态的要素、特征与作用，将为城市设计、城市更新、城市研究奠定良好的基础。

城市形态虽然是由形状、结构和特质所构成的空间整体，但整体是由部分所组成(虽然部分之和并不完全等于整体的)，因此要理解城市形态，除了从整体上把握，还需要从其构成要素上来展开研究。城市形态要素是完成某种功能而无须进一步再分的单元，它通常有三类划分依据：一是从空间尺度上来划分，如细部、建筑、街廓、城市肌理、城市、区域六个尺度的城市形态要素；二是从构成内容上来划分，如平面格局、建筑形态、土地利用；三是从空间的组织关系来划分，如架、核、轴、群、皮。

1.2 城市形态及其要素研究综述

1.2.1 形态类型学的形成与发展

20 世纪 50 年代起，欧洲形成两大城市形态研究传统：一种是英德形态因子研究传统，以康泽恩城市形态学(Conzenian Approach)为代表；另一种是意法设计类型学研究传统，其中，卡尼吉亚建筑类型学(Caniggian Approach)的影响较为深远。

1960 年，康泽恩出版重要著作《诺森伯兰郡安尼克镇：城镇平面分析研究》，书中完整地定义了城市形态学的研究框架和相关术语，主要内容包括形态单元、形态周期、形态区域、形态框架、地块变化周期和边缘带。康氏形态学认为，应该从城镇的平面格局(town plan)、建筑形态(building forms)和土地使用性质(land utilization)三个层面来分析城镇景观。其中平面格局是研究城镇形态最为重要的一个层面，它包含了三种要素，即街道系统(streets)、地块划分(plots)和建筑布局(block-plan)。相对完整的研究框架使得康泽恩的理论与方法得到广泛引用。此后，J. W. R. Whitehand、T. R. Slater、P. Larkham、K. Kropf 等学者进一步发展了康泽恩学派。

20 世纪 50 年代以后，意大利学者穆拉托里和他的助手卡尼吉亚建立了意大利类型学派，指出建筑及其外部空间的关联特征不仅是城市分析的基础，还是从历史角度出发理解城市结构的唯一途径。此后，卡尼吉亚进一步推进了建筑类型学的发展，将城市里的各种构筑物划分为基本类型(basic type，即住宅)和特殊类型(special type，即公共建筑)两种类型。卡尼吉亚对其中的基本类型进行跨时间与地域的研究，认为共时性变体(synchronic variations)与历时性变体(diachronic variations)是该类型在时空"蔓延"的两种特性。同时该学派针对城市的演变和发展提出了一系列重要的概念，诸如城市肌理(urban fabric)、实践历史和类型过程(typological

process)等,认为城市形态是由细部、建筑、街廓、城市肌理、城市、区域多个尺度构成的体系。他们通过对这些核心概念的阐述来表达自己的城市哲学理念和设计方法。意大利类型学派也因阿尔多·罗西(Aldo Rossi)的著作而被国内学者所熟知。

1987 年,美国学者穆东(A. V. Moudon)开始用意大利建筑师埃蒙利农(C. Amonino)创造的术语"形态类型学"(Typomorphology),来称谓融合以上两种学派后形成的新研究框架,并提出了从形式(form)、尺度(scale,后改为分辨率"resolution")和时间(time)三个方面来分析的框架。形式包含建筑物、地块和街道三种元素,这三种元素的结合形成具有一致性的平面类型单元或城市肌理。尺度(分辨率)呈现出建筑物、街道、城市、区域四种层级。时间体现为城市形态变化的不稳定性和周期性。自 20 世纪 90 年代以来,两个学派的学者不断交流融合,获得越来越多的学术成就。1994 年,他们共同成立了国际城市形态论坛(International Seminar of Urban Form),每年在不同的国家轮流举办,成员遍布欧美、中国的各个主要大学和研究机构。

形态类型学是英德和意法两种研究传统通过有机融合后得出的,其核心是以形态学的认知框架来理解形态的结构与特征,配合类型学的演进观点来审视各种形态之间的逻辑关系,为解读和分析城市物质空间构建了一套新的框架。

1.2.2　形态类型学的本土化进展

早在 20 世纪 80 年代末,我国学者就积极引入形态学与类型学的相关理论。武进最先介绍英德形态生成研究传统,其后,谷凯(2001)、段进(2008)和宋峰(2011)等学者也积极介绍各种城市形态学的研究框架与理论。沈克宁(1988)、魏春雨(1990)、敬东(1999)、郑景文(2005)、汪丽君(2001,2005)、刘捷(2007)先后将阿尔多·罗西的建筑类型学理论引入国内。

进入 21 世纪后,谷凯开始与城市形态学当代最重要的学者之一、英国伯明翰大学的怀特·汉德合作,进行中国城市形态的分析研究。主要成果包括完整地分析了中国的历史城市——平遥的平面单元,并将形态区域理论运用到北京故宫旁的陟山门历史街区案例研究中。2005 年起,华南理工大学田银生先生也加入共同研究,并同北京大学宋峰、东南大学段进等学者一起成立了城市形态研究小组,取得了显著的进展,尤其是段进教授,其出版的一系列有关城市形态研究的专著,成为国内学者了解国外城市形态研究进展的重要途径。2013 年起,陈锦棠、田银生、姚圣等以广州荔湾第十甫路历史街区、广州建设新村、广州旧城区为例,介绍了城市形态学、形态类型学方法在解读中国城市形态演进的外部特征与内部规律上的实际运用。

2008 年后,融合城市形态学和建筑类型学的形态类型学开始进入国内专家的视野,主要集中在理论介绍及案例研究两方面。陈飞(2008,2009,2010,2012)开始了一系列的形态类型学研究,探讨形态类型学在挖掘文化、设计语言和提供有效交流三方面的作用和优势,并指出形态类型学方法在加强本地人与设计师之间联系方面的作用和优势,同时运用形态类型学的理论与方法对南京、苏州等城市进行了实证研究。

因国情和文化的不同,西方的形态类型学在中国面临着本土化的问题。众多学者在学习和借鉴的基础上,开始探讨适合中国实际的城市形态分析理论与研究框架。2011 年,王敏、田银生、陈锦棠总结了边缘带的形态特性及其与城市发展特殊历史时期的关联性,并结合中国国情进行了本土化的运用探析。在此基础上,陈锦棠、姚圣和田银生通过总结近几十年西方学者对形态类型学理论及应用的探讨,结合中国城市规划编制的特征,进一步探明形态类型学在我国不同规划层次、不同规划区段的规划控制作用与成果类型。

自 2008 年起,陈飞开始对形态类型学与中国城市建设的结合进行探讨,提出针对中国城市的新研究框架——七要素五步骤。该框架以西方形态类型学理论为基础,通过研究中国传统城市七要素(总平面、天际线、街道网络和街道、街区、公共空间、公共建筑、住宅)及五步骤(确定研究尺度、划分发展阶段、划分形态区域、分析类型及类型过程、得出设计指导)的行动路径,探寻城市的形态特征及变迁过程,以指导中国城市设计、设计控制和城市管理。

另一些学者在研究中国城市空间形态的过程中,也提出了一些有针对性的研究框架。丁沃沃团队从宏观和微观两个尺度探讨了城市空间形态的认知元素。宏观层面包含平面形状、空间轮廓、基本色调、城市肌理四个要素,微观层面包含街区形、路网体系、街区建筑、街区相关线四个要素。在城市肌理形态的研究中,他们构建了线形、轮廓、色差和转译四个方面的描述框架。从数据化的角度,丁沃沃团队总结了三个层面的城市形态数据化要素,即城市形态量化模型、城市街廓形态的量化指标和城市街廓空间的量化指标。

杨俊宴(2017)团队在研究中国新区的过程中,将城市空间形态解构为边界、网络、尺度、肌理四个构成要素,分别通过建成比例、紧凑度、破碎度、道路密度、交叉口密度、连接方式、街区平均尺度、街区轮廓形状指数、建筑与街区的图底关系等指标进行量化的测度,为研究城市空间形态提供了一种定量化的方法。叶茂盛、李早(2018)从长宽比例系数、边界系数、形状饱和度、建筑密度、建筑离散系数五个方面对皖南村落从宏观整体形态到微观建筑分布进行描述,并运用聚类分析的方法对村落空间平面形态进行分类,进而总结其形态类型。谭文勇(2017)团队以地块划分为研究单元,通过用地功能、图底关系、街巷体系、建筑密度、建筑布局方式、建筑与空间尺度六种要素,对旧城区的城市形态演变进行了实证研究。

可以看出,在城市形态类型学研究本土化方面,特别是在形态类型研究要素(框架)的构建方面,中国学者的成果比较丰富和显著(表 1-1),这从侧面说明中国城市形态问题得到业界极高的关注。

表 1-1　本土化的城市形态研究进展

分类	时间	作者	尺度	内容	
○	2007 年	丁沃沃、刘青昊	宏观、微观	宏观四要素:平面形状、空间轮廓、基本色调、城市肌理; 微观四要素:街区形、路网体系、街区建筑、街区相关线	
○	2010 年	陈飞	宏观、中观、微观	七要素:总平面、天际线、街道网络和街道、街区、公共空间、公共建筑、住宅; 五步骤:确定研究尺度、划分发展阶段、划分形态区域、分析类型及类型过程、得出设计指导	
○	2012 年	刘铨、丁沃沃	宏观、中观	四要素:线形、轮廓、色差、转译	
◎●	2015 年	陈锦棠、田银生	微观	四要素:地块、道路系统、建筑布局、建筑群三维形体	
◎●	2015 年	黄慧明、田银生	宏观、中观、微观	三层级	多要素
				形态区域 形态单元 形态更新地块	形态单元:街道系统、地块组织、用地性质、建筑类型、形态基底; 形态更新地块:地块产权特征、建筑特征、建筑基底
◎	2017 年	杨俊宴、吴浩、金探花	宏观、中观、微观	四要素:边界、网络、尺度、肌理; 九测度:建成比例、紧凑度、破碎度、道路密度、交叉口密度、连接方式、街区平均尺度、街区轮廓形状指数、建筑与街区的图底关系	
◎	2017 年	谭文勇、高翔	中观、微观	六要素:用地功能、图底关系、街巷体系、建筑密度、建筑布局方式、建筑与空间尺度	
◎	2018 年	叶茂盛、李早	中观、微观	五要素:长宽比例系数、边界系数、形状饱和度、建筑密度、建筑离散系数	
○	2018 年	丁沃沃	宏观、中观、微观	三要素:城市形态量化模型、城市街廓形态的量化指标、城市街廓空间的量化指标	

注:"○"表示理论研究与构建,"◎"表示案例研究,"●"表示规划实践。

资料来源:自制。

1.3 城市形态要素的构成

学者的学术背景和研究目标不同,对城市形态要素的分类标准和结果也就不同。下面从城市形态学、建筑类型学、可持续发展、韧性安全等角度总结相关学者对城市形态要素构成的研究成果(表 1-2)。

表 1-2 不同学者城市形态要素组成

学 者	城市形态要素组成	划分依据
康泽恩	平面格局、建筑形态、土地使用性质,其中平面格局由街道系统、地块划分、建筑布局构成	形态类型
卡尔·克罗普夫	整个社区、地区、街道与街区、地块、建筑形式、结构要素	层级结构
卡尼吉亚	细部、建筑、街廓、城市肌理、城市、区域	层级结构
穆东	形式上:建筑物、地块、街道 尺度上:建筑物、街道、城市、区域	形态类型与尺度
Vitor Oliveira	自然环境、街道系统、地块系统、建筑系统	形态类型
尼古拉·登普西等	密度、交通基础设施、土地利用、布局、建筑类型	物质与非物质要素
Ayyoob Sharifi、Yoshiki Yamagata	大尺度:尺度层级、城市规模、发展方式、人群和就业分布特征、群组程度、景观连接度; 中尺度:住区的结构和形状、多样性、交通网络形态、设施的接近性、开放和绿地空间; 小尺度:街区形态、地块布局、建筑布局、建筑类型、密度、屋顶类型、街道峡谷的形态、建筑临街的设计、建筑外窗、设计疏散路线	城市韧性
A.E.J.莫里斯	防御工事、街道系统、住宅、市场、城市中心、休闲娱乐	构成内容
赵明	架、核、轴、群、界面	构成内容的形态特征
王慧芳、周凯	城市布局形态、城市结构形态、城市肌理形态	构成内容
武进	道路网、街区、节点、城市用地、发展轴	构成内容
陈飞	总平面、天际线、街道网络和街道、街区、公共空间、公共建筑、住宅	层级与内容的综合
王富臣	建筑物、开放空间、街道	构成内容

资料来源:自制。

康泽恩构建了一套有关城镇景观(townscape,可理解为城市形态)的分析框架,从城镇平面格局、建筑形态和土地使用性质三个层面分析城镇景观。其中平面格局是研究城镇景观最为重要的部分,它包含了三种要素,即街道系统、地块划分和建筑布局。该研究框架成为许多学者研究城市形态及其要素的参考对象。

卡尔·克罗普夫(Karl Kropf)将城市肌理(urban tissue)看作不同尺度的有机体,不同尺度的城市肌理对应不同的城市形态要素。他采用形态类型学的分析框架来定义城市肌理的组成要素,包括街道系统与街区(streets and street blocks)、地块(the plots)、建筑(the buildings)、不同类型的房屋和空间(the different types of rooms and spaces)、结构(the structures)、材料(the materials)。这些不同尺度的要素组成一个从小到大的层级系统,它们可以通过三个特征来描述,即位置(position)、外轮廓(outline)和内部组织(internal arrangement)。此后在规划实践中,卡尔·克罗普夫又将城市肌理分为六个尺度的要素,包括整个社区(the whole commune)、地区(districts)、街道与街区(streets and blocks)、地块(plots)、建筑形式(building form)、结构要素(elements of construction)(图 1-1)。

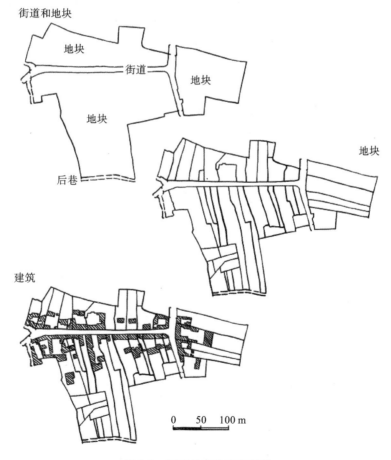

图 1-1　不同尺度的城市肌理

(资料来源:改绘自 Vitor Oliveira *Urban Morphology:An Introduction to the Study of the Physical Form of Cities*。)

意大利类型学派的卡尼吉亚将城市建筑分为基本类型(住宅)和特殊类型(公共建筑)两种类型,并认为城市在尺度上是由细部、建筑、街廓、城市肌理、城市、区域多个层级构成的体系。

穆东从"形态类型学"的角度,提出了从形式、尺度和时间三个方面来分析的框架。形式上包含建筑物、地块、街道三种元素;尺度上呈现出建筑物、街道、城市、区域四种层级;时间上体现为城市形态变化的不稳定性和周期性。

Vítor Oliveira 在 *Urban Morphology: An Introduction to the Study of the Physical Form of Cities* 一书中将城市形态要素分为自然环境(natural context)、街道系统(streets system)、地块系统(plots system)、建筑系统(building system)四类要素。自然环境是城镇建设的基础条件,包括地形地貌、气候、地质与土壤、自然景观。自然环境会影响城镇的选址,也会影响城镇道路、轮廓线、城镇边界等与城市形态有关的方方面面。街道系统由线性的城市通路构成,它将城市分为不同的街区。街道除了承担物质、人员的流通功能,还是城市居民的公共活动空间。同时,通过分割街区,街道将城市空间分隔为公共空间与街区内的半公共空间。城市用地总是被有形或无形的边界划分为一个个或大或小的独立地块,这些地块属于公共、集体或私有部分。理论上说,每个地块都有相应的主人,许多城市建设活动被限定在地块内展开,因此多数情况下,看不到的地块系统对城市物质空间形态有着较大的影响。建筑系统是最直观的城市形态要素,也是城市最重要的形态要素。从城市肌理的角度来看,建筑系统可以分为普通建筑和特殊建筑。普通建筑(如住宅等)的形态和功能通常以重复的方式出现在城市中,特殊建筑以其独特的形态和功能塑造了城市视觉景观。

尼古拉·登普西(Nicola Dempsey)等认为,城市形态通常超越了物质属性和非物质属性,其包括尺度、形状、比例、密度、土地利用、建筑形态、街区、绿地系统等。它们可以被归纳为五类,即密度(density,包括人口等非物质要素)、交通基础设施(transport infrastructure)、土地利用(land use)、布局(layout)和建筑类型(housing/building type)(图 1-2)。

图 1-2　登普西等总结的城市形态要素

(资料来源:改绘自 Nicola Dempsey、Caroline Brown、Shibu Raman 等
Elements of Urban Form。)

Ayyoob Sharifi 和 Yoshiki Yamagata 从韧性的角度，将城市形态分为大、中、小三个尺度。大尺度的城市形态要素包括尺度层级（scale hierarchy）、城市规模（city size）、发展方式（development type）、人群和就业分布特征（distribution pattern of people and jobs）、群组程度（degree of clustering）、景观连接度（landscape/habitat connectivity）；中尺度的城市形态要素包括住区的结构和形状（struture and shape of neiborhoods）、多样性（diversity）、交通网络形态（typology of transportation network）、设施的接近性（access to amenities）、开放和绿地空间（open and green space）；小尺度的城市形态要素包括街区形态（block type）、地块布局（site layout）、建筑布局（building layout）、建筑类型（building typology）、密度（density）、屋顶类型（roof type）、街道峡谷的形态（street canyon geometry）、建筑临街的设计（design of street front/street edge）、建筑外窗（glazing）、设计疏散路线（design of emergency routes）。

A. E. J. 莫里斯在《城市形态史——工业革命以前》一书中将罗马城的形态要素分为防御工事、街道系统、住宅、市场、城市中心、休闲娱乐六大类。

赵明在温州城市形态的演化过程中，参照齐康院士《城市建筑》的相关内容，按照城市形态构成内容将形态特征划分为五种要素，分别为架、核、轴、群、界面。"架"指城市的道路交通系统，是城市形态的骨架部分；"核"是中心、重心的意思，是城市和建筑群组合中最活跃和人的活动能量凝聚、散发、扩散、辐射的中心，也是信息流、交通流、人流最多的地段；"轴"对城市而言是一种发展方向，它起着引导作用，是城市的形式轴和伸展轴；"群"是城市特定地段内的建筑形体空间组织及其相关要素的集合；"界面"是城市空间与实体的交接面，是有形的面，是形的界面。

王慧芳和周凯将城市形态分为三大类，即城市布局形态、城市结构形态、城市肌理形态。武进也采用了类似的分类方式，将城市形态理解为由结构（要素的空间关系）、形状（城市外部的空间轮廓）和相互关系（要素之间的相互作用与组织）所组成的空间整体，具体来说，他将城市形态构成要素概括为道路网、街区、节点、城市用地和发展轴。

陈飞从城市形态类型学的角度，将中国传统城市看成一个形态的整体，由总平面、天际线、街道网络和街道、街区、公共空间、公共建筑、住宅七大要素组成。这七大城市要素不仅普遍存在于中国城市中，且在中西方的形态研究中都占有一定的地位。王富臣将城市形态基本物质元素分为三类，分别为建筑物、开放空间、街道。

上述中外学者对城市形态要素的分类要么是从尺度层级上划分，要么是从构成内容上划分，或者是综合考虑尺度和内容来划分。研究目的和研究方法不同，对城市形态要素的划分也就不同。但无论怎么划分，从宏观到微观的尺度层级和要素本身的构成内容都是城市形态要素划分必须考虑的问题。综合上述学者的研究成果，结合中国城市在建设中需要把控的形态要素，本书首先从类型上将城市形态要素划分为规划设计要素和分析要素两大类。城市形态规划设计要素又从尺度上分为宏观层面的城市形态控制要素和中观层面的城市形态设计要素两大类(微观层面的要素如建筑布局也是构成城市形态的重要组成部分,但更偏向于建筑设计范畴,已有大量的相关研究成果,故本书未将其列入)。具体的构成内容上,将城市形态控制要素分为城市空间结构、城市廊道、城市轮廓线、城市轴线四大类,城市形态设计要素分为路网、街廓、空间界面三大类。城市形态分析要素分为城市肌理、图底关系、空间序列三大类(图 1-3)。

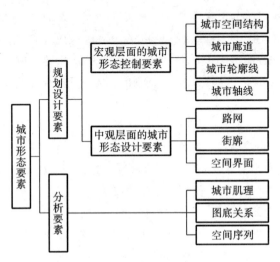

图 1-3　城市形态要素构成

(资料来源:自绘。)

第2章 城市形态控制要素

2.1 城市空间结构

城市结构是城市功能活动的内在联系,是社会经济结构在土地使用上的投影,其反映了构成城市经济、社会、环境发展的主要要素在一定时间内形成的相互关联、相互影响与相互制约的关系。结构不仅可以强调实物之间的联系,也是认识事物本质的一种方法(表 2-1)。

表 2-1 城市空间结构内涵

表　征	城市土地利用外轮廓形状
含　义	整体与部分、部分与部分之间的拓扑结构关系;部分与部分之间的形状关系、位置关系
相关的影响因素	环境约束性因素:地形地貌、水文等自然环境; 内部因素:城市自身的成长与更新、土地利用的经济规律; 技术发展因素:交通技术、建造技术
基本构成内容	城市布局形态(形状、位置关系)、城市结构形态(拓扑结构关系)

资料来源:自制。

城市空间结构受到环境约束性因素、城市内部因素及技术发展因素的影响。其中,环境约束性因素包含地形地貌、水文等自然环境要素,通过城市格局、城市用地潜力等方面直接影响城市内部空间布局,进而影响城市空间结构。例如平原城市,由于地形地貌对城市发展的限制相对较小,其空间结构多为集中式;山地城市,由于自然环境要素对城市发展的限制较大,即城市发展会受到地形、水文条件的影响,因而山地城市会出现更丰富多样的城市空间结构。城市内部因素包含城市自身的成长与更新、土地利用的经济规律。城市结构的调整必然促使城市功能的转换,催生新的功能与之相配合,而城市功能的变化是城市结构变化的先导,其决定结构的变异和重组,两者相互促进,共同推动城市的发展。技术发展因素包含交通技术、建造技术等。例如在农业时代,主要的交通方式是步行和乘马车,故城市的规模小,各项城市功能体从城市中心向外部较规则地分布;工业革命后,火车逐渐成为城市内部及城市之间的主要交通方式,城市开始沿交通线发展;汽车普及后,汽车成为郊区化重要的推动力量,城市进一步向外围蔓延;当高速公路等基础设施更为完善之后,城市间进入城际快速交通时代。因此交通技术进步使单位距离的时间成本减少,直接促进了城市规模的扩大。此外,新型材料和新型建造技术通过与现代信息技术相结合,赋予了现代建筑新的概念和更多的功能,影响了城市居民的生活方式,人们可以在信息服务覆盖的地区学习、工作和娱乐,城市离心力大大增强,因此随着信息基础设施的扩散,城市也会出现分散化的倾向。因此,信息社会城市空间结构的演变过程中既有城市的分散,也有中心城市的复兴。

2.1.1 城市空间结构的类型

城市空间结构可分为集中式城市空间结构和分散式城市空间结构两种。

1. 集中式城市空间结构

所谓集中式城市空间结构,就是将城市各项主要用地集中成片布置,这样可以有效地组织城市的生产和生活,节约城市建设用地,减少城市建设投资和运营费用。

集中式城市空间结构适用于建设用地较为完整的各类大、中、小城市,一般情况下,平原城市多采用集中式城市空间结构布局。集中式城市空间结构可分为网格状和环形放射状两种。

1)网格状

网格状城市空间结构布局是常见的城市布局模式,其由相互垂直的道路网构成,城市形态规整,易于适应各类建筑物的布置。这种城市布局模式一般容易在没有外围限制条件的平原地区形成,不适用于地形复杂的地区。网格状城市主要案例有纽约曼哈顿中心区(图 2-1)、芝加哥(图 2-2)等。

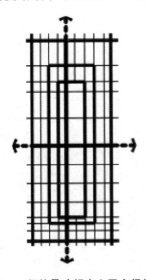

图 2-1 纽约曼哈顿中心区空间结构

(资料来源:根据 Google Earth 卫星图绘制。)

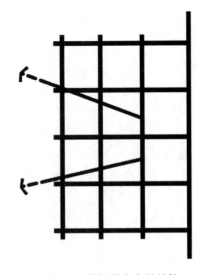

图 2-2 芝加哥市空间结构

(资料来源:根据 Google Earth 卫星图绘制。)

2）环形放射状

　　环形放射状是大中城市比较常见的城市空间结构布局模式，由放射状和环形的道路网组成，城市交通的通达性较好，有很强的向心紧凑发展的趋势，往往具有密度高、展示性好、生命力强的市中心。环形放射状城市布局易于利用放射状道路组织城市的轴线系统和景观，但有可能造成市中心的拥挤和过度集聚，一般不适用于小城市。环形放射状城市主要案例有成都（图 2-3）、北京（图 2-4）、莫斯科（图 2-5）等。

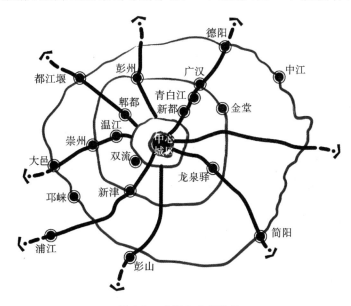

图 2-3　成都市空间结构

（资料来源：根据 Google Earth 卫星图绘制。）

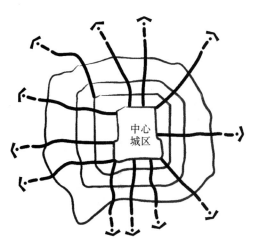

图 2-4　北京市空间结构

（资料来源：根据 Google Earth 卫星图绘制。）

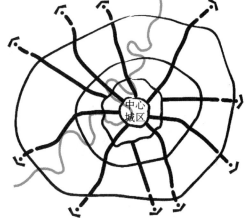

图 2-5　莫斯科市空间结构

（资料来源：改绘自 http://www.360doc.com/content/17/0903/00/1769761_684241341.shtml。）

2. 分散式城市空间结构

1）组团状

组团状城市一般用地高低起伏，被农田、山脉、较宽的河流或大片的森林绿地等分成不连续的若干块。地形起伏的丘陵地区的城市多采用组团状结构。

（1）单中心组团状

单中心组团状适用于规模不大的丘陵山地城市。

（2）多中心组团状

在地形地貌变化丰富的丘陵山地城市，由于城市经济文化与人口规模的进一步发展，单中心组团状向多中心组团状发展。多中心组团状城市主要案例有宜宾（图 2-6）等。

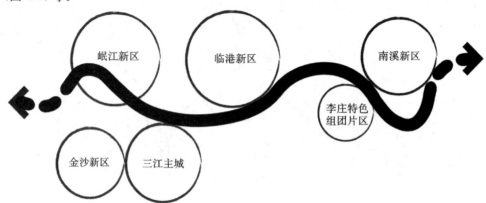

图 2-6　宜宾市空间结构

（资料来源：改绘自《宜宾市城市总体规划（2013—2020）》。）

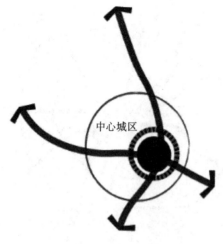

图 2-7　西宁市空间结构

（资料来源：改绘自《西宁市 2030 年城市空间总体发展规划》。）

2）带状

带状城市大多是由于地形的限制和影响，被限定在一个狭长的地域空间内，沿着一条主要交通轴线两侧呈长向发展，平面景观和交通流向的方向性较强。

（1）单中心带状

由于地形或自然地貌条件所限，城市用地沿丘陵、山谷或江河延伸呈带状发展。此种类型的城市一般规模不大，且结构比较单一，为单中心发展的城市。单中心带状城市典型案例有西宁（图 2-7）等。

（2）多中心带状

在山地的自然生态环境中，当单中心带状城市规模进一步扩大，社会经济条件进一步发展,单中心带状将沿岭谷或河谷的一侧或两侧进一步向多中心带状发展。多中心带状城市主要案例有深圳(图 2-8)、兰州(图 2-9)等。

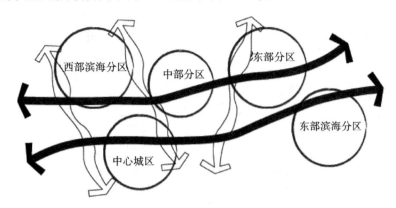

图 2-8　深圳市空间结构

(资料来源:改绘自《深圳市城市总体规划(2007—2020)》。)

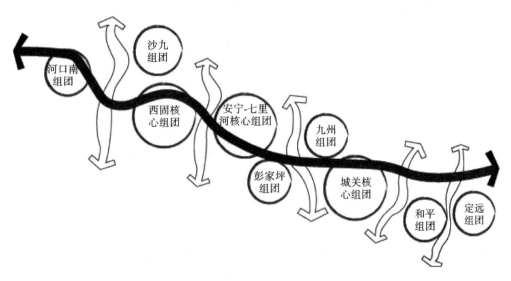

图 2-9　兰州市空间结构

(资料来源:改绘自《兰州市城市总体规划(2011—2020 年)》。)

3)指掌状

指掌状城市通常是从城市的核心地区出发,利用水系、山体、冲沟等自然条件,沿多条发展走廊向外扩张形成空间形态。此种类型的城市功能区主要的空间发展方向明显,发展走廊之间保留大量的非建设用地。指掌状城市主要案例有哥本哈根(图 2-10)等。

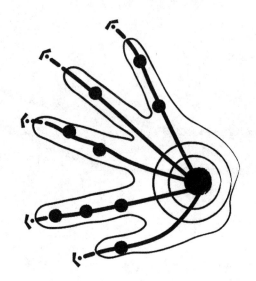

图 2-10 哥本哈根市空间结构

(资料来源:改绘自 https://www.sohu.com/a/120585690_475945。)

4)环状

环状城市一般围绕湖泊、山体、农田等核心要素呈环状发展。环状城市在结构上可以看成是带状城市在特定情况下首尾相接的发展结果。环状城市主要案例有意大利卡利亚里(图 2-11)、新加坡(图 2-12)等。

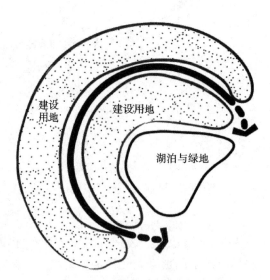

图 2-11 意大利卡利亚里市空间结构

(资料来源:根据 Google Earth 卫星图绘制。)

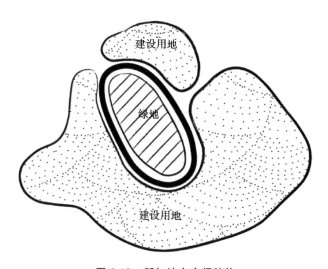

图 2-12 新加坡市空间结构

(资料来源:根据 Google Earth 卫星图绘制。)

5)卫星状

卫星状空间结构是多中心组团状空间结构的进一步发展,其一般是以大城市或特大城市为中心,在周围发展若干个小城市,形成分散小集中、集中和分散相结合的城市形态。这种城市形态基本上是霍华德的田园城市和昂温的卫星城理论中提出的城市空间形式。这种城市形态有利于在大城市及大城市周围的广阔腹地内达到人口和生产力的均衡。卫星状城市主要案例有伦敦(图 2-13)、米兰(图 2-14)、新德里(图 2-15)、上海(图 2-16)等。

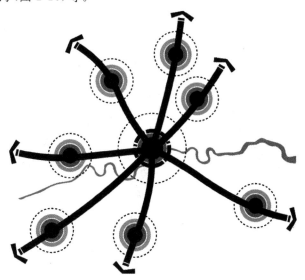

图 2-13 伦敦市空间结构

(资料来源:改绘自 http://www.360doc.com/content/17/0903/00/
1769761_684241341. shtml。)

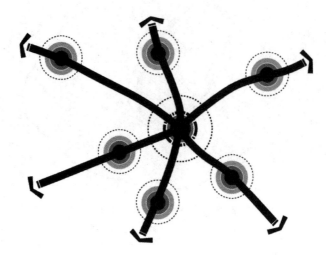

图 2-14 米兰市空间结构

（资料来源：根据 Google Earth 卫星图绘制。）

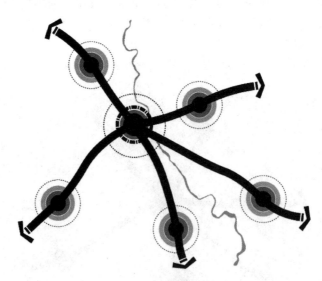

图 2-15 新德里市空间结构

（资料来源：根据 Google Earth 卫星图绘制。）

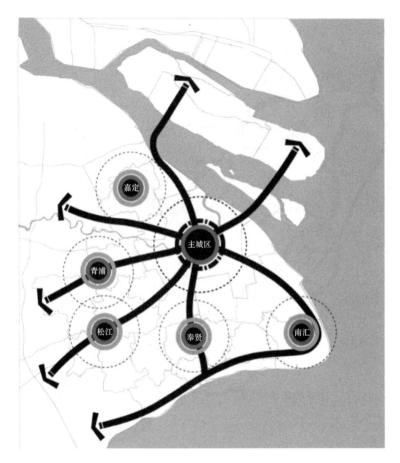

图 2-16　上海市空间结构

(资料来源:改绘自《上海市城市总体规划(2017—2035 年)》。)

6)多中心与组群式

多中心与组群式空间结构是城市在多种方向上不断蔓延、发展的结果。多个不同的片区或组团在一定的条件下独自发展,逐步形成多样化的焦点、中心及轴线。这种空间结构的典型城市有旧金山湾区(图 2-17)、内江(图 2-18)、攀枝花(图 2-19)、绍兴(图 2-20)等。

7)绿心状

城市可围绕山头、林地、湿地、湖面形成绿心状空间结构模式。绿心状城市主要案例有台州(图 2-21)、芜湖(图 2-22)等。

(1)单中心环绿心状

单中心环绿心状空间结构适用于地貌丰富、地形起伏变化的丘陵山地城市。

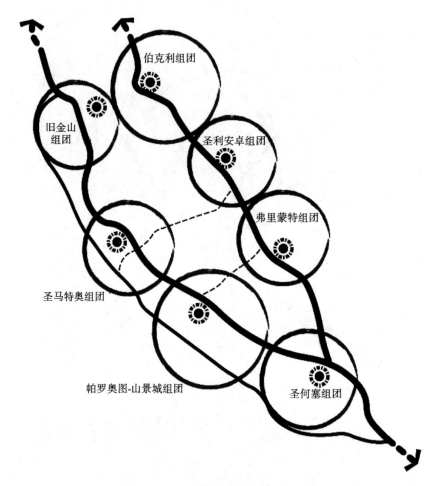

图 2-17　旧金山湾区空间结构

（资料来源：改绘自 https://m.sohu.com/a/352992994_661455。）

（2）多中心环绿心状

多中心环绿心状空间结构是扩大的环绿心状空间结构模式，适用于山地城市及平原地区城市。

8）树枝状

在地形复杂、冲沟发育的丘陵或山区建设城市，可利用山体、冲沟、水系等自然条件，将城市或工业生产基地选在冲沟或山谷之间的槽地或高地上，形成树枝状的空间结构模式，道路交通等市政基础设施沿沟谷布置。树枝状城市主要案例有十堰（图 2-23）等。

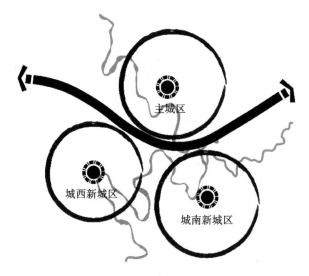

图 2-18 内江市空间结构

（资料来源：改绘自《内江市域城镇体系规划和内江市城市总体规划（2014—2030）》。）

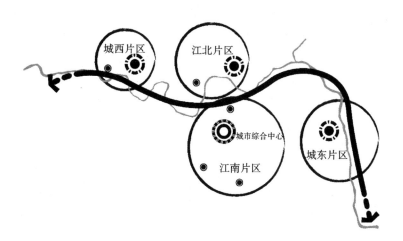

图 2-19 攀枝花市空间结构

（资料来源：改绘自《攀枝花市城市总体规划（2011—2030 年）》（2017 版）。）

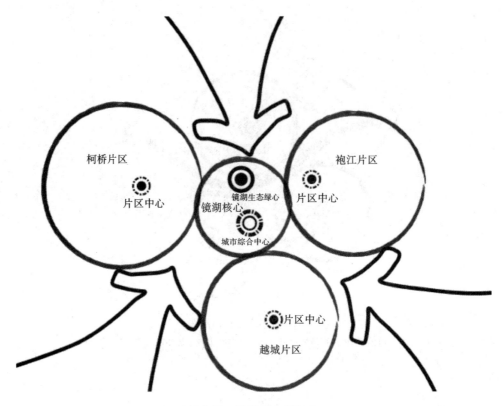

图 2-20 绍兴市空间结构

（资料来源：改绘自《绍兴市城市总体规划（2011—2020 年）》。）

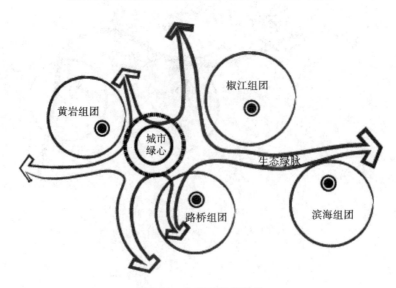

图 2-21 台州市空间结构

（资料来源：改绘自《台州市城市总体规划（2004—2020 年）》。）

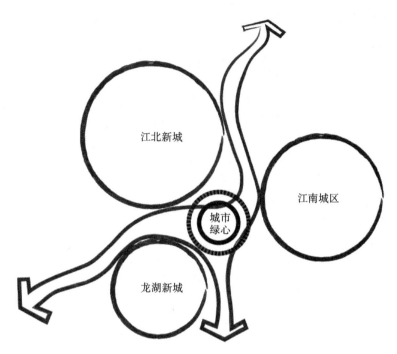

图 2-22 芜湖市空间结构

(资料来源:改绘自《芜湖市城市总体规划(2012—2030 年)》。)

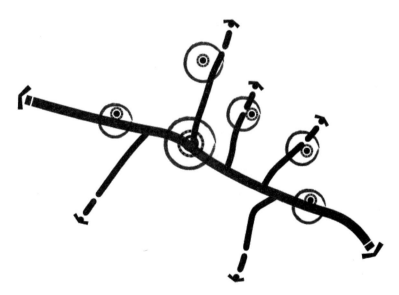

图 2-23 十堰市空间结构

(资料来源:改绘自《十堰市城市总体规划(2011—2030 年)》。)

2.1.2 城市空间结构形态的测定

我国城市化的迅速发展,尤其是城市空间形态的急剧变化,给经济、社会、城市建设等带来诸多问题,使生态环境承受巨大的压力,对可持续发展构成了严峻的挑战。因此,深入了解城市形态的格局演变过程和机理,并构建适宜的城市空间形态定量化评价模型,对于推进我国城市可持续发展、合理利用和保护区域生态环境具有重要的现实意义。

城市用地的布局形态通常可以通过城市的空间紧凑度、空间形状指数、空间形状的分维等指标来进行空间结构的测定。

1. 空间紧凑度

1) 紧凑度 T 模型

Thinh 等提出的城市紧凑度 T 模型是以牛顿万有引力定律为基础发展起来的城市空间形态定量化评价模型。该模型基于 GIS 网格技术和土地利用数据库的支持,将一定尺寸的网格与城市土地利用数据进行图层叠加,生成模型运行的基础数据图层。

GIS 网格与城市用地图层叠加方法的示意图如图 2-24 所示。图中以基于 Landsat 影像的城市用地数据为例,象元大小为 30 m×30 m,网格大小为 60 m×60 m。Z_i 和 Z_j 为网格 i 和 j 中城市建设用地(灰色部分)的面积。

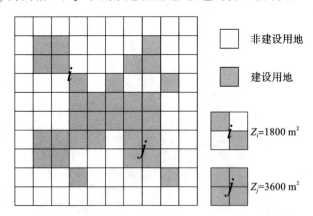

图 2-24 紧凑度 T 模型中的 GIS 网格划分

(资料来源:描绘自赵景柱、宋瑜、石龙宇等《城市空间形态紧凑度模型构建方法研究》。)

Thinh 等提出的城市紧凑度计算公式如下:

$$T = \sum \frac{\frac{1}{c} \frac{Z_i Z_j}{d^2(i,j)}}{N(N-1)/2} \tag{2-1}$$

式(2-1)中,T 为城市空间作用的平均引力,即城市空间形态的紧凑度;Z_i 和 Z_j 代表任意两个网格 i 和 j 内的城市建设用地面积($i \neq j$);$d(i,j)$ 为网格 i 和网格 j 的几何距离；c 为常数（研究中取 $100\ m^2$，使计算结果无量纲化）；N 为网格总数。T 值的大小反映城市用地空间布局的紧凑程度，其值越大，说明城市空间作用越强，亦即城市空间布局越紧凑。

2）标准化紧凑度指数模型

赵景柱等在 Thinh 等提出的城市紧凑度算法的基础上，构建了一种城市空间形态定量化评价指标——标准化紧凑度指数，并实证分析了厦门的城市空间形态。通常，城市人口、产业、交通、设施和资金的空间密度越大，紧凑度越高；空间分布遵循形态依赖原理，且"趋圆性"越高，紧凑度越高。将圆形区域作为标准度量单位，不仅综合了不规则形状的多方面特征，而且将计算结果进行了标准化，便于不同城市之间进行比较。因此，赵景柱以圆形区域作为具有最大紧凑度的城市空间形态的一般构型，构建了一种新型的城市空间形态定量化指标，即标准化紧凑度指数（NCI）。

假设图 2-25（a）为某城市各个建成区的实际分布，图 2-25（b）中圆的面积与该城市所有建设用地面积总和相等（以下称为城市的等价圆），则城市的标准化紧凑度指数计算公式如下：

$$NCI = \frac{T}{T_{\max}} \tag{2-2}$$

式（2-2）中，NCI 为城市的标准化紧凑度指数，T 为城市的紧凑度，$T_{\max}$ 为城市等价圆的紧凑度。NCI 的取值在 0 和 1 之间，NCI 值越接近 1，城市空间形态越接近圆形，因而也越紧凑。

由式（2-1）、式（2-2），可以进一步得到标准紧凑度指数的计算公式如下：

$$NCI = \frac{T}{T_{\max}} = \frac{M(M-1)}{N(N-1)} \times \frac{\displaystyle\sum_{i=1}^{n}\sum_{j=1}^{n}\frac{Z_iZ_j}{d^2(i,j)}}{\displaystyle\sum_{i'=1}^{n}\sum_{j'=1}^{n}\frac{S'_iS'_j}{d'^2(i',j')}} \tag{2-3}$$

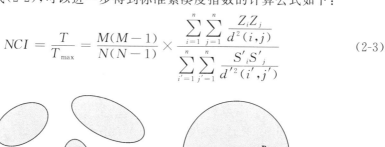

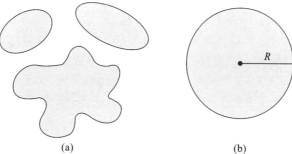

(a)   (b)

图 2-25 等价圆的示意图

(a)建设用地布局；(b)等价图

（资料来源：描绘自赵景柱、宋瑜、石龙宇等《城市空间形态紧凑度模型构建方法研究》。）

式（2-3）中，Z_i、Z_j、$d(i,j)$、N 的取值参见公式（2-1），S'_i 和 S'_j 为等价圆中网格 i'

和 j' 内的建设用地面积,$d'(i',j')$ 为网格 i' 和 j' 的几何距离,M 为等价圆的网格总数 (图 2-26)。

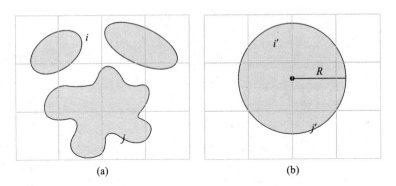

(a)　　　　　　　　　　　(b)

图 2-26　标准化紧凑度指数模型中的 GIS 网格划分

(a)建设用地布局;(b)等价图

(资料来源:描绘自赵景柱、宋瑜、石龙宇等《城市空间形态紧凑度模型构建方法研究》。)

2. 空间形状指数

空间形状指数(spatial shape index)是一种应用较为广泛的空间形态分析指标, 它通过计算地物图斑与参照形状之间的偏离程度来测量地物形状的复杂程度。虽 然存在很多测量形状的方法,但 Boyce-Clark 形状指数更能反映形状的一般特征。 Boyce-Clark 形状指数是 1964 年 Boyce 和 Clark 提出的,其基本思想是将研究对象 的形状与标准圆形的形状进行比较,得出一个相对指数。其计算公式如下:

$$SBC = \sum_{i=1}^{n} \left| \left[(r_i / \sum_{i=1}^{n} r_i) \right] \cdot 100 - \frac{100}{n} \right| \tag{2-4}$$

式(2-4)中,SBC 是 Boyce-Clark 形状指数,r_i 为从某个图形的优势点(vantage point)到图形周界的半径长度,n 为具有相等角度差的辐射半径的数量。n 可以取不 同的数量,数量越大,形状指数值精度越高。

不同形状的图形有不同的形状指数,圆形的形状指数最小,为 0,接下来是正多 边形、矩形、星形、H 形、X 形和长条矩形等(标准形状的形状指数),直线的形状指数 最高,达到 187.5。将城市的形状指数与标准形状指数相比较,可以得出城市形状。 一般来说,形状指数越趋近于 0,则表明各图斑分布越紧凑;形状指数越大,则各图斑 分布越离散。城市形状指数的变化与城市扩展模式有一定的关联性,城市实行粗放 式的扩展模式时,城市形状指数增大;而城市实行内部挖潜、集约式扩展模式时,城 市形状指数减小。

从根本上说,城市建成区的扩展情况取决于不断增长的城市体量与有限建成区 的矛盾,而受离心力、向心力和地形阻力等因素的综合作用,必然形成各种城市 形状。

3. 空间形状的分维

描述城市形态的分维主要有网格维数、半径维数和边界维数等。对于分维数,罗宏宇(2002)认为,其计算方法分为两种,即边界维数与半径维数,前者是计算面积周长关系,后者是计算面积半径关系。分维数在一定程度上反映了城市形态的细节,其值介于 1 和 2 之间,城市形状越复杂,分维数越大。

1)边界维数

边界维数可衡量城市空间形态的分形特征,其采用格子计数法进行分维估值。使用不同大小的正方形格网覆盖城市平面轮廓图形,当正方形网格长度 r 出现变化时,覆盖有城市轮廓边界线的网格数目 $N(r)$ 和覆盖面积也发生变化。其计算公式如下:

$$\ln N(r) = C + D \ln M(r)^{\frac{1}{2}} \tag{2-5}$$

式(2-5)中,C 为待定常数,D 为城市平面轮廓图形的维数。只需在不同大小正方形格网覆盖下获得不同点对$(\ln N(r), \ln M(r)^{\frac{1}{2}})$,然后拟合这些点对,求得回归方程,其斜率即为 D 的估值。一般来说,分维值小说明城市的建设更多地受到规划控制,城区周界整齐规则,用地紧凑节约。

2)分形维数

分形维数描述的是城市边界形状的复杂性,反映出土地利用形状的变化及土地利用受干扰的程度,是一个面积与周长的关系。其计算公式如下:

$$S_t = 2\ln(P_t/4)/\ln A_t \tag{2-6}$$

式(2-6)中,S_t 为 t 时期城市斑块的分形维数,A_t、P_t 为 t 时期城市斑块的面积和周长。S_t 值的理论范围为 $1\sim2$,S_t 值越大,表示图形形状越复杂。

分形维数是描述分形体的重要参数,在某种意义上,它反映了图形(或系统)对于空间的填充能力和图形边界不规则的复杂程度。对于城市空间形态而言,在假定城市面积随时间不断增加的前提下,如果城市空间形态不规则的程度增加,则说明在这一时期城市建成区面积的增加是以外部扩展为主的;如果城市空间形态的不规则程度下降,则说明城市建成区面积的增加是以建成区边缘间的填充为主;如果城市空间形态的不规则程度不变,则说明城市进入相对稳定的发展阶段。

4.城市布局分散系数和城市布局紧凑度

傅文伟教授在探讨城市建成区问题时,提出了城市布局分散系数和城市布局紧凑度两项指标,其中城市布局分散系数为建成区范围面积与建成区用地面积的比值($\geqslant1$),城市布局紧凑度为市区连片部分用地面积与建成区用地面积的比值(%)。这两项指标都采用自然度量,即量算实际面积,具有具体性的优点,虽然不直接反映区域或城市的形状特征,但可以间接反映形状上的一些特点,其实质内容是与城市土地利用强度有关的。

5.景观指数

景观指数是指能够高度浓缩景观格局信息,反映其结构组成和空间配置等某些方面特征的简单定量指标。从景观生态学角度看,在一个特定的地域空间,各种土地利用类型相互交错、重复出现、嵌套分布,就形成了一个景观镶嵌体。可见,城市建设用地格局是一种典型的景观镶嵌体。因此,可以以景观生态学斑块理论为基础,建立土地利用斑块单元特征指数和基于斑块聚集的土地利用空间布局指数;以ArcGIS软件、SPSS软件为技术手段,对城市建设用地的空间格局计算斑块邻域聚集度指数并进行聚类分析,揭示主要用地类型聚集与分散的空间格局分布特征和规律。

1)连接指数

连接指数用以描述同一类景观要素斑块的分离程度,也就是分析其间隙大小。连接指数可用于分析城市各类建设用地的聚集程度,其计算公式如下:

$$P = \sum_{i=1}^{N} \left[\{A(i)/D_0(i)\}^2 / \left\{ \sum_{i=1}^{N} A(i)/D_0(i) \right\}^2 \right] \tag{2-7}$$

式(2-7)中,$A(i)$为第i个斑块的面积,P为连接指数。P值一般为0~1,P值越大,说明斑块聚集程度越高。

2)土地利用斑块单元特征指数

(1)斑块形状特征指数

斑块形状在一定程度上会影响景观的功能,自然界中的土地斑块几乎不存在完全规则的几何形状,一般用指数描述斑块的形状。可利用ArcGIS软件以正方形栅格网对研究区进行空间分析,采用如下公式计算土地利用斑块的形状指数来表达土地利用空间:

$$S_{ki} = P_{ki}/4\sqrt{A_{ki}} \tag{2-8}$$

式(2-8)中,S_{ki}表示土地利用类型为k的土地利用斑块i的形状指数;P_{ki}、A_{ki}分别表示土地利用斑块i的周长和面积。

(2)斑块数量特征指数

斑块数量统计特征:N表示斑块数量总和,N_k是土地利用类型k的斑块数量。

斑块面积统计特征:最大(最小)斑块面积、斑块平均面积,以及斑块面积的统计分布规律等。其中斑块平均面积(PPA)是基本的特征指数,是计算其他空间特征指数的基础。就斑块尺度而言,斑块平均面积可以反映区域各类土地利用覆盖类型面积的基本特征,其计算公式如下:

$$PPA = A_i/N \tag{2-9}$$

式(2-9)中,A_i为某种地类斑块的总面积,N为斑块数量总和。

最大斑块指数是最大斑块面积与总面积的比值,表征最大斑块的总体优势度,指数越大,优势越明显。

3)基于斑块土地利用空间布局指数

(1)自身分散(离)度指数

可采用分散距离指数与景观类型的斑块面积来研究同类土地利用类型斑块的

分散特征,其计算公式如下:

$$F_k = D_k / A_k \tag{2-10}$$

式(2-10)中,k 是土地利用类型,F_k 是分散度指数,D_k 是距离指数,A_k 是土地利用斑块面积。

(2)邻域聚集度指数

聚集度指数反映了相同土地利用类型斑块紧邻配置程度,其与分散度指数相反,后者指相同类型的土地利用类型斑块单元相互分离的程度。衡量某一土地利用类型是否聚集,不仅需要分析其自身情况(由分散度指数表示),同时也必须分析其与周边土地利用类型斑块单元的邻域关系,采用如下公式计算聚集度指数 β_k:

$$\beta_k = \left(\sum_{i=1}^{N} \sum_{j=1}^{M} B_{ijk} \cdot x_{ijk} \right) / (8 \cdot N) \tag{2-11}$$

式(2-11)中,B_{ijk} 表示土地利用类型为 k 的单元 x_{ij} 邻域中土地利用类型为 k 的单元个数,采用 N 向邻域方向搜索斑块邻域,则 B_{ijk} 的取值范围为 $[0,N]$;β_k 表示土地利用类型为 k 的邻域聚集度指数,是所有类型为 k 的用地单元的 B_{ijk} 的总和。如果 $\beta_k = 0$,则表示任意土地利用类型为 k 的单元,其邻域中均不存在相同土地利用类型为 k 的用地单元,布局分散;如果 β_k 趋近于 1,则表示所有的用地单元类型均为 k,形成用地单元类型为 k 的区域,布局聚集。

2.1.3　城市空间形态的要义

城市空间结构的集中发展和分散发展始终是两种重要力量,已有的各种城市形态都可以回归到这两种基本发展模式。

集中式城市空间形态便于设置较为完善的生活服务设施,城市各项用地紧凑、节约,便于低成本配套建设各项生活服务设施和基础设施,有利于保证生活经济活动联系的效率和方便居民生活,城市氛围浓郁,人们的交往需求容易得到满足。集中式的布局方式更适用于中小城市和平原城市,有利于经济的发展,以更好发挥聚集效应。但集中式城市布局由于各要素过于集中往往会带来一系列问题,如交通的承受力过大易造成拥堵,环境承载力遭破坏,环境污染也更严重。这种类型的城市在规划布局时应注意处理近期和远期的关系,规划布局要有弹性,为远期发展留有余地,避免虽然近期紧凑但远期出现功能混杂和干扰的现象。

分散式城市空间形态因受河流、山川、矿藏或交通干道的分割,或是人为的主观规划干预,形成若干片区或组团。该类城市空间形态接近自然,环境优美,城市布局疏密有致,可使城市与农村、城市与环境、生产与生活有机协调发展,在城市中创造一个良好的工作和生活环境,促进城市的生态平衡,并有利于提高城市的防灾安全能力,同时可以有效地控制城市规模,避免建成区无限制蔓延,实现理性增长,为城市发展留有余地。一方面,分散式的布局方式适用于大城市或特大城市,这类城市人口多,经济规模大,需要分散城市职能,保护环境,达到建设国际化大都市的目的。

另一方面,受河流、山川、矿藏等各种环境因素的约束,中小城市也可能出现分散式的布局方式。分散式城市布局也有缺陷,由于功能组织分散,居民跨区工作和生活出行成本高,市政工程设施建设和日常运营成本也较高。此外,组团的职能分工难以得到有效控制和引导,当组团规模较小时,难以实现聚集效应,也难以获得完善的配套设施。

城市布局的集中与分散并不存在非此即彼的状态,一个城市在不同的发展阶段,其用地扩展形态和空间结构类型是可以不一样的。一般规律是,早期呈集中式,连片地向郊区拓展。当城市再扩大遇到"障碍"时,往往又以分散的"组团式"发展。其后,由于发展能力加强,各组团彼此吸引,城市又趋集中。最后,城市规模太大需要控制时,又不得不以分散的方式,在其远郊发展卫星城或新城。当然,有些组团式城市由于自然阻隔和人为控制,不可能完全连成一片以集中的方式发展,而是各自发展成小城镇或城区,形成组群式城市形态。因此规划设计中,需要考虑城市所处发展阶段的特点,合理选择城市的发展形态。

好的城市形态应该具有什么特性呢?凯文·林奇(Kevin Lynch)将城市形态与城市意象相结合,认为城市形态不应是城市规划与设计师的主观创作,而应是每座城市的自然和历史特色的呈现。凯文·林奇在《城市形态》一书中研究了城市空间形态与价值标准之间的关联联系,他对评价城市空间形态的价值标准理论提出了五类基础性指标,即活力、感受、适宜、管理及可及性。其中,活力讨论的是城市的基本环境,指聚落形态对人类生存的支持程度;感受、适宜、管理和可及性讨论的是居民的生活品质,分别是居民对聚落形态的感知,聚落形态对居民主要活动习惯的适宜程度,居民对设施的利用、管理便利程度,以及居民能够接触到的元素的数量多少和多样化的程度。以上五项包含了所有关于聚落质量的主要指标,已成为好的城市形态无可争议的必要特性。对于好的城市形态,凯文林奇认为应该是有活力的、可持续发展的、安全的、协调的、可以感知到的、可确认的、有结构的、表里一致的、透明的、可辨认的、清晰的、独特的并且重要的。

2.2　城市轮廓线

2.2.1　城市轮廓线的基本概念

1. 基本含义

通常情况下,城市轮廓线可以定义为"由建(构)筑物、树木、山峦等各种城市实体元素以天空为背景呈现出的叠加效果",其本身具有多层面性。根据观察者与城市的位置关系和城市自身空间关系,可对城市轮廓线作出如下定义(表 2-2)。

表 2-2 城市轮廓线的定义

范 围	层 次	概 念
广义	宏观	城市轮廓线是自然轮廓与城市建筑群轮廓叠加构成的整体和天空的交界形态面
狭义	中观、微观	城市中的建筑、各种构筑物,以及自然山水、树木等与天空交界的轮廓线

资料来源:整理自牟惟勇《城市天际线的研究与控制方法——以青岛滨海天际线为例》。

2. 城市轮廓线的形成和变化

本质上,城市轮廓线的形成不是预想秩序的结果,而是在城市的发展过程中历经千年逐渐形成的,一个城市轮廓线的形成和变化主要取决于以下四个因素。

1)城市所处的自然地理

城市轮廓线的形成与城市所处的自然地理,如山脉、峡谷、河流、森林等有关。

2)城市的建设规划控制

古代城市的轮廓线一般都与官府兴建的寺庙、佛塔和宫殿等有关,现代城市的轮廓线往往由城市里的中高层、超高层建筑的数目和位置决定(图 2-27)。

图 2-27 北京市中心轮廓线

(资料来源:自绘。)

3)城市的建筑风格

建筑风格决定了建筑群体在天空中构成的线条,因此不同地域、不同城市的轮廓线都有着不同的特征,同一座城市不同时期的建筑作品构成的轮廓线也呈现出不同的风格。

4)城市化的动态作用过程

城市化进程使得一个城市不同时期的轮廓线具有不同的风格和特点(图 2-28)。

3. 城市轮廓线的构成要素

从轮廓线定义角度看,在自然要素上,轮廓线构成及影响要素主要包括山体、水

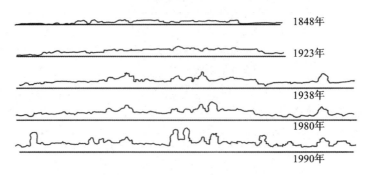

图 2-28　上海外滩城市轮廓线演变

（资料来源：描绘自张荣超《风景名胜公园天际线研究——以玄武湖公园为例》。）

体及植被等；在城市建设要素上，构成及影响要素主要是各类型的建筑群体、构筑物，特别是高层建筑及具有特殊形式的"地标式"建筑（表 2-3）。

表 2-3　城市轮廓线两类构成要素

要素属性	表现形式	构成要素
自然要素	近景、中景、远景，虚体要素，弱物质形式	地形地貌
		植被
		水体
		光和风
城市建设要素	中景，实体要素，强物质形式	一般建筑群
		高层建筑群
		构筑物
		特殊形式建筑

资料来源：自制

　　如果将城市轮廓线在观景界面按照前后关系以不同元素分解开来，那么整个城市轮廓线可以被看作是由以下 8 个要素构成的。

　　①地形地貌：大型山峰、小型山丘。

　　②植被：覆盖在山体表面上的草地、森林，城市内的大型公园绿地和树木、滨水绿带。

　　③水体：溪流、河流、湖泊、海洋及瀑布等大型水体景观，以及降水产生的间接影响。

　　④光和风：环境因素如光照、风向和温湿度等产生的间接影响。

　　⑤一般建筑群：建筑高度和体量不突出，城市的构成主体。

　　⑥高层建筑群：具有统领性的高层建筑群。

　　⑦构筑物：塔、碑、桥梁等体量较大的构筑物。

⑧特殊形式建筑:城市标志性建筑。

根据构成要素的属性,可以把城市轮廓线的构成要素分为两种类型:自然要素和城市建设要素。

1)自然要素

山体、水体、地形地貌、植被斑块、生态廊道、生态湿地等自然要素可以塑造出具有地域独特性和个性化环境特征的城市轮廓线。例如:自然山体往往是城市轮廓线的远景层次,在整体轮廓线形态中是关键一环;水体通常是城市轮廓线的近景层次,同时水体的分割性还延伸了城市轮廓线的空间层次(图 2-29)。

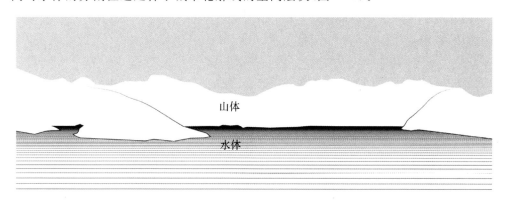

图 2-29　层次清晰的自然山水

(资料来源:自绘。)

此外,城市轮廓线的自然要素不是孤立的构成要素,它必须与城市建设的选址、布局等多方面因素相结合,需要统一协调,才能形成人工与自然相结合的城市视觉景观。

2)城市建设要素

城市建设要素又包括潜在影响要素和直接影响要素两种。

(1)潜在影响要素

①城市功能布局:城市功能布局影响着城市轮廓线的个性化特征,中心区通常是高层建筑的聚集区,工业区通常是低层建筑集中的地带,居住区则是可高可低的区域。

②城市交通、道路:城市交通的便捷程度是高层建筑选址建设的依据之一;城市道路是城市重要的线性空间要素,它的走向、宽窄会影响建筑及绿化景观的布置,进而反映到城市轮廓线上。

(2)直接影响要素

①多层建筑群:多层建筑群是塑造现代城市肌理形态的"母体"细胞,它们大多为居住建筑,在城市中大量存在,是城市生活的载体和源泉。在城市轮廓线立面分层中,它属于"基座"部分,是构筑城市轮廓线的重要基本元素(图 2-30、图 2-31)。

图 2-30　上海城市轮廓线

（资料来源：自绘）

图 2-31　悉尼城市轮廓线

（资料来源：自绘。）

②高层建筑群：高层建筑群构成了新的城市景观和视觉导向区域，成为城市轮廓线的主导者。因此，高层建筑群在城市中的分布状况直接影响着城市轮廓线的形态和特征。同时，它也为城市创造了新的景观场所（图 2-32）。

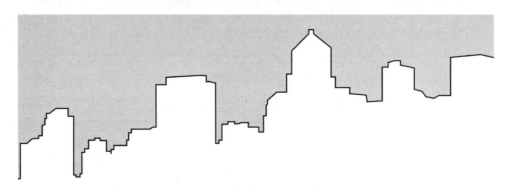

图 2-32　美国西雅图高层建筑群

（资料来源：自绘。）

③大型城市基础设施：城市大型地标建（构）筑物、城市标志性建（构）筑物是勾勒具有个性化特征和文化含义的城市轮廓线的重要元素。

④基础设施：水利设施、桥梁、高架桥等基础设施也是塑造城市轮廓线特征的要素（图 2-33）。

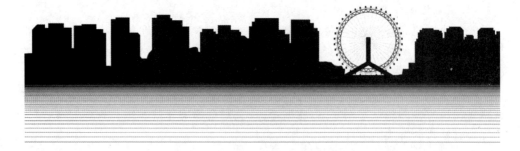

图 2-33　"天津之眼"构成城市轮廓线

（资料来源：自绘。）

除了自然要素和城市建设要素，社会经济、政治体制、历史文化、风俗习惯等人文要素也潜在地影响着城市空间结构。自然要素和城市建设要素带给人直观的视觉感受,而人文要素通常通过城市物质空间环境激发人的心理感受,例如由城市轮廓线所带来的审美体验、时代精神等;或将人的精神意象投射到城市物质空间环境中,塑造出具有强烈文化特征的城市轮廓线。

4. 城市轮廓线的组合方式

城市最终的轮廓线是由多层面轮廓线组合叠加而产生的,在山水环境的城市中,轮廓线应与自然山水岸线配合得当,形成整体性景观。每个城市可以根据当地的山水格局、建筑特色、经济发展等综合状况,凸显自身优势,摒弃不足,因地制宜地创造出风格独树一帜的轮廓线景观。

轮廓线的构成要素在前后层次的叠放组合根据实际情况的不同有所差异,下面以处于山体和水体之间的城市为例来具体说明。在同一自然条件下建立研究模型进行轮廓线要素的组合尝试,并总结出以下组合形式。

1)塑造城市风格意象的轮廓线组合形式

在同一自然条件下,城市的主体部分要素可以通过调整,形成不同风格的轮廓线景观,如图 2-34~图 2-36 所示。

图 2-34　以色彩、材料为主导的轮廓线风格

(资料来源:描绘自牟惟勇《城市天际线的研究与控制方法——以青岛滨海天际线为例》。)

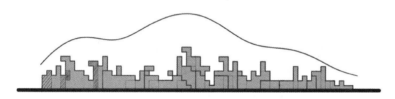

图 2-35　城市远景和近景相互衬托的轮廓线风格

(资料来源:描绘自牟惟勇《城市天际线的研究与控制方法——以青岛滨海天际线为例》。)

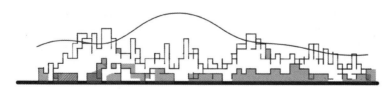

图 2-36　城市主体建筑群层次感突出的轮廓线风格

(资料来源:描绘自牟惟勇《城市天际线的研究与控制方法——以青岛滨海天际线为例》。)

2)根据城市主体与自然景观主次关系的组合形式

根据城市主体与自然景观的主次关系,城市轮廓线可分为城市主体与自然景观均衡、自然景观占主导、城市主体占主导三种组合形式(图 2-37~图 2-39)。

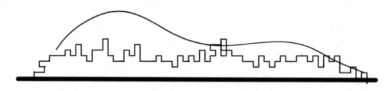

图 2-37　城市主体与自然景观均衡

(资料来源:描绘自牟惟勇《城市天际线的研究与控制方法——以青岛滨海天际线为例》。)

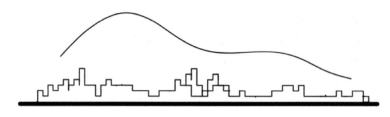

图 2-38　自然景观占主导

(资料来源:描绘自牟惟勇《城市天际线的研究与控制方法——以青岛滨海天际线为例》。)

图 2-39　城市主体占主导

(资料来源:描绘自牟惟勇《城市天际线的研究与控制方法——以青岛滨海天际线为例》。)

3)自然山体与建筑群的间次组合,形成多层次的轮廓线景观

在山地环境中,相对平坦适宜建设的用地往往较为分散,在此条件下形成的城镇通常呈现出人工景观与自然景观相间交融的状态,从轮廓线的角度来看,容易形成"自然景观—建筑群—自然景观—建筑群"复杂、多层次的城市轮廓线(图 2-40)。

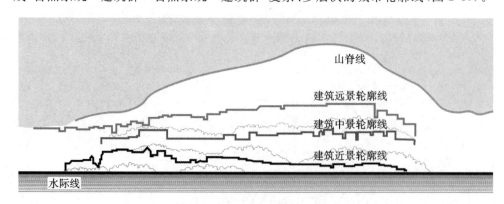

图 2-40　多层次的城市轮廓线

(资料来源:自绘。)

5. 城市轮廓线的意义

城市轮廓线由若干涉及城市空间格局的要素构成,从某些方面也反映了城市的规模、文化特质、经济实力和发展历史,尤其是承载了城市中人和物的活动和变迁。20世纪以来,世界城市建设光彩夺目,城市轮廓线也以其独特的方式在日常生活中构筑起一道别致的文化景观,具体体现在以下三个方面。

1)空间辨识的重要参考

城市轮廓,尤其是其中的自然山水、建(构)筑物如同空间意象中的地标元素,有助于人们在日趋复杂的物质环境中辨认地区与方位。当然就识别程度而言,具有一定高度特征的建(构)筑物,更易于成为视觉辨识的重要参考,中世纪欧洲城市的钟塔、现代城市的各种高层建筑皆是如此。

2)形象展现的重要载体

伴随城市建设开发的有序进行,从更远、更高、更开阔的视点去观赏城市的新视角不断涌现,人们得以更加直观、全面地观赏到一些美妙的城市轮廓,由它们勾勒出的文化意境与空间情调常常成为现代城市对外展示形象的重要载体。城市轮廓既是市民休闲旅游的重要景点,也是城市引以为傲的重要象征。

3)文化记忆的重要体现

城市轮廓线并非短时期内城市建设发展的产物。历史证明,为广大市民所认可的优秀的城市轮廓线常常是历史沉淀的产物,而恰恰是这种留有各种不同时期痕迹的城市建筑、山水植被融合在一起所形成的景观,更加真实地记录着城市的历史与发展,成为民族传统风格的体现。世界著名城市设计学者凯文·林奇认为,城市轮廓线是城市总体形象和宏观艺术效果的高度概括……清晰的环境印象可以成为一种普遍的参考系统,给人以安全感、归属感。

2.2.2　城市轮廓线的量化描述

1. 城市轮廓线定量分析对象

环境心理学的研究表明,对城市轮廓线的认知是由曲折度和层次感两个变量控制的。

1)曲折度

城市轮廓线是由观测者视野中建筑顶端的外轮廓线连接组成的,是城市建筑群和与天空相遇的界线。一般认为,城市轮廓线的曲折度高,观测者的认知愉悦感也较高。数学上有多种方法来定量描述折线的曲折程度,可以用轮廓折线线形来衡量。

2)层次感

城市轮廓线的层次感是指观测者视野中,相对于观测者视线方向的建筑界面所形成的不同层次。建筑群距观测者的距离不同,会形成不同层次的建筑界面。相关实验也表明,视野中不同距离的建筑物形成的界面层次较多,观测者对轮廓线的认知愉悦感也较高。轮廓线的层次感是由建筑物对视线的遮挡距离不同而形成的,因此可以用不同视线遮挡距离来区分表达。

2. 城市轮廓线的定量描述方法

1)曲折度的定量分析

对城市轮廓曲折度进行定量化描述,首先需要对城市轮廓进行概括和简化。概括简化应是在保持局部制高点、局部低点及其相互位置关系不变的前提下,移除无关紧要的细小折弯和小凹凸曲折,保留折线的基本走向不变并将其平滑处理成连续曲线。

指数多项式(PEAK)平滑线方法是地图学中用于制图综合的一种概括简化复杂折线方法。这种方法能够在保持复杂折线线形基本走向不变前提下,提取出曲折走向的关键点,保留关键点之间的相互关系,将复杂折线平滑简化处理成连续曲线。

将轮廓线上形成局部制高点的标志性建筑作为主要研究对象,关于定量描述轮廓线曲折度的规则如下。

规则一,轮廓线上的标志性建筑必须能在简化曲线上形成高度上的极大值(图2-41),这是判断轮廓线上哪些点是确保轮廓线曲折总体走向的关键。如不能在简化曲线上形成高度上的极大值,就不能算作是轮廓线上的标志性建筑。

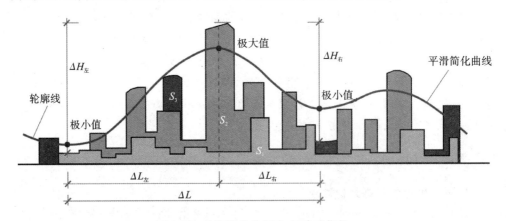

图2-41 轮廓线的曲折度、层次感指标

(资料来源:改绘自钮心毅《基于视觉影响的城市天际线定量分析方法》。)

规则二,以概括简化的轮廓线为计算标准,根据简化曲线上极大值点,确定其左右相邻的极小值点。计算极大值点与两侧极小值点之间的水平距离分别为 $\Delta L_{左}$、$\Delta L_{右}$,将这两个距离值之和作为该制高点的影响区间。区间值越大,说明在视觉影响上,该标志性建筑越显著;反之,该标志性建筑越不显著。

此外分别计算左右极小值点与该极大值点的轮廓线上高度的差值 $\Delta L_{左}$、$\Delta L_{右}$。ΔH 值越大,说明在视觉影响上,该标志性建筑越显著;反之,该标志性建筑越不显著。$\Delta H/\Delta L$ 值更加直接反映出标志性建筑的显著程度。规则二是计算标志性建筑在轮廓线上显著程度的指标。

2)层次感的定量分析方法

按前述讨论,视野中至观测者不同距离建筑可视面所占面积不同,由此产生了轮廓线的层次感。在人眼正常观察高度的条件下,未来轮廓线上可视建筑物包括了滨江第一层面、第二层面、第三层面建筑群。轮廓线层次感按滨江第一、第二、第三层面划分层次,采用滨江第一、第二、第三层面建筑群的建筑可视面各自在观测者视野中占据比例来定量描述。视野中不同层次的建筑可视面较多,层次感较丰富;反之,视野中建筑可视面均在同一层面,层次感较单调。如三个层次建筑可视面面积分别是 S_1、S_2、S_3,则层次感指标表达为 $S_1:S_2:S_3$。

2.2.3　城市轮廓线的控制

1. 城市横向轮廓线控制

通常意义上的城市轮廓线是指站在湖面、河面等开阔地带观察城市得到的城市建(构)筑物、山水自然环境等顶部轮廓的剪影,我们可以称之为城市横向轮廓线,也可以理解为城市在水平方向上展开的"立面轮廓线"。故城市横向轮廓是在城市水平方向上,根据城市用地性质和地理状况,按照行政办公、商业、居住、文化娱乐和风景等不同功能展示出的不同局部轮廓形态,最终呈现出的高度变化。

1)远景

(1)保护山脊线的景观特征

在许多山水城市,滨水建筑轮廓线的组织通常必须尊重山体轮廓的形状,建筑应与山形保持对比、呼应、相互烘托的关系。一般在山峰处建筑宜低,衬托山峰的高耸,低凹处若能使建筑的透视高度突破山脊线则更为生动。一般从观景点看建筑的透视高度不超过山脊线高度的 1/3,山的自然景色才能给人以完美的感受,同时应留出标志性山体视线走廊,避免人工建(构)筑物遮挡自然山体(图 2-42)。

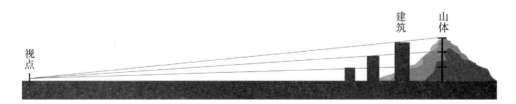

图 2-42　建筑物对山体遮挡的视线分析

(资料来源:描绘自牟惟勇《城市天际线的研究与控制方法——以青岛滨海天际线为例》。)

(2)利用远景峰顶,丰富远景形态

峰顶是视线在远景层面的视线聚焦点,可作为视觉通廊的端点。通过视线分析,确定若干核心位置,作为整体轮廓线的控制基调。

2）近景

（1）体现滨水轮廓线的景观特征

滨水建筑物通常采用近低远高的台阶式高度变化的形式发展，以保证由主要瞭望点（观景点）所见的多层次近景。滨水建筑的界面，通常需要控制界面密度、最大界面宽度，以免在滨水沿岸形成"墙壁效应"。

（2）强调近景临水面的亲和性

位于近景的滨海、滨水界面，作为轮廓线的第一层次，是最为清晰且与人们日常生活联系最为紧密的空间环境。应充分利用滨水空间的绿化尤其是高大乔木，结合环境小品，突出轮廓线底层水平方向的蓝绿基脚，丰富视觉感受。

3）中景

（1）整合中景建筑群，形成轮廓线的主体

中景的建筑群是轮廓线的主体，在整体城市轮廓线的勾画中起着重要的作用。首先，利用建筑群高度上的变化（历史自发形成的或是人为规划控制的）在水平方向上形成高低起伏、灵动多变的轮廓线，获得良好的轮廓线整体效果。其次，在竖直方向上利用建筑高度的梯级变化，塑造轮廓线的层次感，丰富轮廓线的景深。

（2）通过标志性建筑物对轮廓线峰顶进行控制

从轮廓线的整体上进行把握，利用标志性建筑的高大体量生成新的视觉兴趣点，对整体轮廓线产生画龙点睛的效果。建筑群和山体峰顶、峰谷的关系：在高度和容量上，是带有相位差的两条正弦曲线，建筑群城市轮廓线和山体自然轮廓线互相交错且互生，形成韵律感很强的整体。

4）强调轮廓线的韵律和层次

轮廓线是建筑物和自然环境在横向延伸和纵向叠加上合成的最终的轮廓剪影，其在横向高低错落的变化好似乐曲的韵律，包括近景、中景及远景的轮廓线。当轮廓线具有高低起伏、丰富多变的韵律感和层次感时，就会获得引人入胜的效果，不易使人产生视觉乏味进而失去观赏兴趣。这种横向的韵律变化其实源自处于不同层面的轮廓线的叠加效果，这又好比音乐学中的泛音，轮廓线的层次越多，给人的感受越丰富、饱满，近景、中景、远景多个层次此起彼伏、相互配合，使得观赏者在不同的视距上都能获得较佳的视觉感受（图 2-43）。

图 2-43 芝加哥横向轮廓线控制

（资料来源：自绘。）

2. 城市纵深轮廓线控制

城市纵深轮廓是在观察者的前后视线方向上,不同景深的景物和建筑群的立体综合效果产生的多层次、多侧面、立体化、远近互衬、高低错落的独具城市特色的景象。

例如对于层次感而言,已不是城市横向轮廓强调的水平方向上的层次感了,而是一栋建筑物以建筑群体为背景时在水平距离上的前后层次感,即建筑群所具有的立体层次感,形成远景、中景和近景之间远近互衬的关系。

1)视觉景观上的控制

纵深方向上应充分和明确地表达远景、中景、近景之间的相互衬托关系(图2-44)。

图 2-44　体现远景、中景、近景的纵深天际线

(资料来源:自绘。)

2)空间环境上的控制

在城市的一些敏感地区如滨水地带、公园绿地等大型开放空间边缘,出于空间体验和视觉景观等方面的考虑,通常会对这些边缘地带的纵向轮廓线进行控制,以获得良好的空间环境质量。一般而言,大型开放空间边缘的城市建设区域往往具有极高的开发价值,从经济效益的角度来看,越靠近城市大型开放空间的土地,其开发量应该越高。然而从空间环境质量的角度来看,大型开放空间与城市建设区域的交接地带,往往是市民日常休闲活动的重要场所,是城市最为活跃的空间之一。高大建筑逼近开放空间边缘,会造成空间的压抑感,也会影响从开放空间看向城市建设区域的视觉环境。因此,临近城市大型开放空间边缘地带的纵向轮廓线应得到有效的管控,通常是通过对建筑高度进行控制,形成从大型开放空间到城内逐渐升高的台阶式轮廓线(图 2-45)。

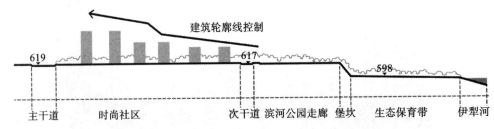

图 2-45 某城市大型开放空间边缘的纵向轮廓线控制
(资料来源:自绘。)

2.2.4 城市轮廓线塑造案例

1.香港城市轮廓线

香港拥有全世界公认的完美的城市轮廓线,这与香港拥有得天独厚的地理条件——背山面水息息相关,因而香港能依山傍水而建。香港是著名的海港城市,美丽的海港、建筑以及围绕在九龙半岛和香港岛周围的自然山脊,构成了香港独特、美丽的城市轮廓线系统。宽广的大海是城市景观的近景,层次丰富的建筑群是城市轮廓线的主体,起伏的山体是城市的远景。

香港地区对轮廓线的控制措施相当严格,其注重保持城市的特色和城市的用地肌理,关注建筑与自然环境之间的和谐。在营造城市空间景观效果的同时十分注重人工与自然的融合,针对香港建筑群整体的视觉影响、人与环境之间的联系、活动空间的建立、市容和公共空间,以及整体城市景观变化的过程,2003 年,香港规划署制定了《香港城市设计指引》作为香港城市设计的总体纲领,纲领规定了主要保护的三大景观要素——山脊线、文物建筑和观景廊道,其中各项内容和实施机制都值得我们借鉴。

1)以"山"为远景的城市轮廓

香港是一个地少人多的地方,受地形影响发展空间十分紧缺,城市建筑只能往空中发展。但是如果高层建筑群遮住了山体等自然景色,城市景观便会缺失许多韵味。由此香港严格控制空间发展的高度轮廓,其目的是保留城市里宝贵的重要山脊线、山峰和山体的自然景观(图 2-46)。高度控制的原则是从人流最大、最重要的眺望点望向自然山体的山脊,山脊线能保持在一定范围内不被建筑物遮挡,《香港城市设计指引》提出设立一个 20%~30%空间不受建筑物遮挡地带,作为控制开发强度的初步依据(图 2-47)。

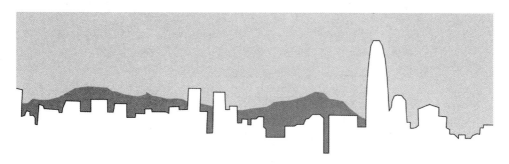

图 2-46 香港此起彼伏的轮廓线实景
(资料来源:改绘自《香港城市设计指引》。)

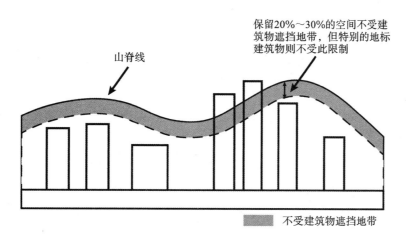

图 2-47 保持 20%以上的山景不受遮挡
(资料来源:改绘自《香港城市设计指引》。)

《香港城市设计指引》综合分析了香港的区位、人流、景观,在维多利亚港两岸选出市民认可的七个最重要的眺望点(图 2-48),并从各眺望点依次对山体进行眺望,咨询大众意见,确定应保留的山脊景观。通过这种方法确定了维多利亚港两岸现在和以后可见的山脊线、山峰景色,并且考虑了现状建设和既定计划中的发展重建项目的影响,随后确立了这些瞭望点的观景廊覆盖区,得出维多利亚港两侧的建筑高度控制分区(图 2-49)。分区图中标示出为保留视线视廊通透的建筑受限区域(斜线部分),区域内的建筑限制在 30~40 层,其他区域的建筑高度则不受限制。

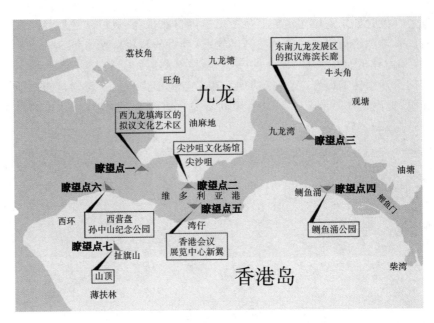

图 2-48 《香港城市设计指引》选出的七个眺望点

（资料来源：改绘自《香港城市设计指引》。）

图 2-49 通过眺望分析确定的建筑高度发展分区示意图

（资料来源：改绘自《香港城市设计指引》。）

2)历史建筑、文物、特色历史街区的视线保护

香港历史上经历了许多风雨,文化受到中西方的双重洗礼,历史建筑、文物和街道景观等都是珍贵的文化遗产,这些文化遗产应通过严格的保护方案和程序保留并延续下去。城市规划和设计应当为保护文化遗产提供一个适合、和谐的空间环境,当代的街区尺度、建筑物体量和风格与历史传统街区和建筑有很大的差异,要注重文物保护区周边的建筑高度、体量的协调,避免出现高度陡增陡降或是形式迥异的突兀现象。此外,应适当扩大和增加眺望历史文物的景观视廊,使更多的人能欣赏到历史留下的美。

3)分区制定发展高度轮廓的详细控制

在纲领的指引下,根据城市各个区域的发展情况和功能定位,划分"四区一带"实行详细的建筑高度轮廓控制。"四区"指的是港岛区、九龙区、新市镇区、乡郊地区,"一带"指的是维多利亚港沿岸一带。

以维多利亚港的高度轮廓控制为例,根据《维多利亚港——理想和目标》的建议,对维多利亚港两岸高度轮廓的控制有如下几点。

①维多利亚港地区为滨海活力区域,应增加复合功能模块来提升活力。设立各式的餐饮店、酒吧、购物小铺、休闲亭和码头供市民和游人休闲娱乐。在重要的地方,可设立一些别具风情的景观小品和城市家具来提升吸引力。

②沿海滨建设休闲长廊,周边不得出现功能和体量不协调的建筑物。海岸沿线预留土地建立与购物休闲、文化娱乐、旅游康乐相关的设施。

③提倡多元化的建筑排列方式、体量和形式,在靠近海边的地区提倡设计优美的低矮建筑物,形成丰富的建筑景观层次。在建筑群中的某些位置,适当设计独特的建筑物和枢纽区(图 2-50),避免乏味和单调。

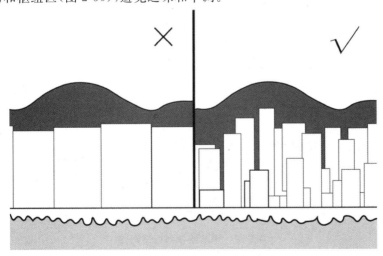

图 2-50　丰富的建筑景观层次

(资料来源:改绘自《香港城市设计指引》。)

④保护和增加到海边的视线通廊,让行人能从市区远眺海边地区的优美景致,也可从海边方便地看到都市里的繁华景象。开辟通风廊道,促进城市里的空气流通,改善城市局部地区气候。

⑤海边沿线的建筑排列应注意错开,避免形成"墙壁效应",前后建筑高度应有区分,较高的建筑物建于内陆地区,低矮建筑建于靠海的近景区域。在新发展区则应该考虑在沿岸预留部分区域用于低密度发展(图 2-51)。

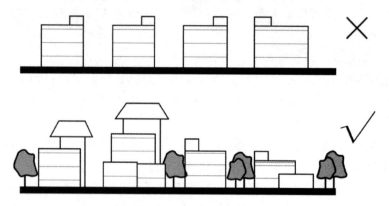

图 2-51 鼓励新的低矮建筑不要采用整齐划一的高度

(资料来源:改绘自《香港城市设计指引》。)

⑥在海边和城市繁华区之间建设地下人行通道(包括方便残障人士的设施),避开地面车流,保证人们能够安全前往。

⑦尽量避免在海边进行大体量的基础设施建设,大体量的公共建筑会在海边形成视觉屏障,影响人们接近海港和对其他景观的观赏。在海边修建车行道路也须慎重考虑,避免给人们的活动造成不便。

总的来说,在建筑高度的控制上,香港规划署将山脊线和山峰形态的保护放在了重要的位置。除基于山脊线控制建筑高度之外,还可以根据经济及视觉廊道保护的要求控制建筑高度,这些是国际上惯用的控制轮廓线的方法和手段。正是因为有了这样严格的控制手段,香港的轮廓线才得以有序、健康地发展,从而散发出其独特的城市魅力(图 2-52、图 2-53)。

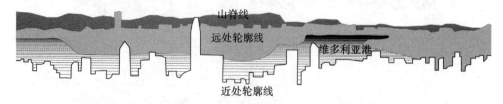

图 2-52 香港维多利亚港鸟瞰

(资料来源:自绘。)

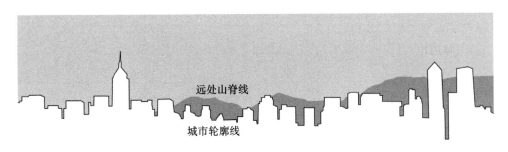

图 2-53　香港维多利亚港轮廓线

（资料来源：自绘。）

2. 南京城市轮廓线

南京是一座有着近 2500 年建城史与 450 年建都史的国家级历史文化名城，"虎踞龙盘，襟江带湖"是这座城市格局的真实写照。城内留有多条经典的城市轮廓线，如阅江楼—长江、鼓楼—紫金山等，加之近年来城市建设发展中形成与拟形成的多条景观视线，经由专家评议与市民投票，形成南京重要的城市轮廓线 40 余条，如紫金山头陀岭城市轮廓线（图 2-54）。

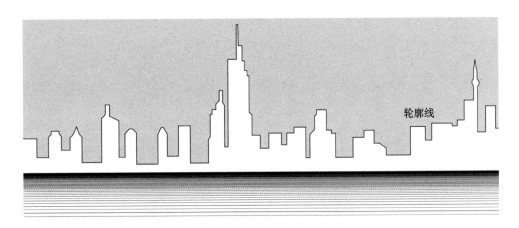

图 2-54　紫金山头陀岭城市轮廓线

（资料来源：自绘。）

通过对这 40 余条重要的城市轮廓线进行观察和分类，发现这些轮廓线所展示的景观内容虽有所交织，但大体可以划分为与南京"山、水、城、林"的城市特色——贴合的四种类别（表 2-4）。

表 2-4　南京城市轮廓线的分类与特点

特色分类	山	水	城	林
观景地点	城市门户节点、高层建（构）筑物	水边开阔地带、中心自由水面	明城墙、中心区现代建筑群	林荫道、成片绿化林区
景观内容	老山、牛首山、紫金山、青龙山等	长江、玄武湖、莫愁湖等	广场、街道等城市开放空间	线性道路
景观氛围	绵延、恢宏	休闲、恬美	开朗、有活力	自然、宁静
典型轮廓	紫峰大厦—紫金山	火车站广场—中央路	中华门—新街口	仙林大道—紫金山

资料来源：高源、高军军、徐卞融《诗情画意——南京重要城市轮廓线研究解析》。

1）以"山"为远景的城市轮廓线

南京的山体主要包括老山、牛首山、紫金山、青龙山等大型山脉观景点。观景点主要来自南京城各入城节点，尤其是立体交通枢纽与高层建（构）筑物的顶层，无论是从城市节点远眺还是从高空俯视，横向绵延的山体轮廓与磅礴恢宏的城市场景均成为该类轮廓的主要特点（图 2-55）。

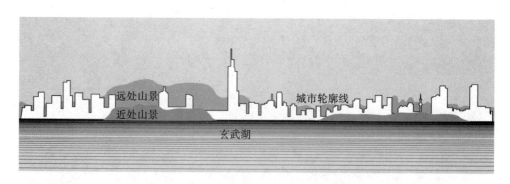

图 2-55　南京以"山"为远景的城市轮廓线

（资料来源：自绘。）

2）以"水"为中近景的城市轮廓线

南京重要的水体主要包括玄武湖、莫愁湖与长江，观景点主要为水边开阔地带与中心自由水面。由于南京正在实施"拥江发展"的城市战略，长江两岸景观成为开发潜力与期待指数很高的轮廓线。就现状而言，玄武湖仍是南京水体、景观轮廓的代表，流动的水体与休闲的氛围，道出"仁者乐山，智者乐水"的真谛（图 2-56）。

图 2-56　玄武湖边的城市轮廓线

（资料来源：自绘。）

3）以"城"为主景的城市轮廓线

南京有不少以明城墙及其周边地段为主景的景观，其中最具代表性的是阅江楼—水西门的城市风光带。近年来，随着建设用地不断突破明城墙界限扩张发展，许多片区尤其是各中心地区呈现出高层密集发展的状态。相关研究表明，"城市建设"正逐步取代"明城墙"成为影响南京城市空间形态的重要因素。因此，以"城"为主景的轮廓线既包括明城墙地段的视线景观，更包括从广场、街道等诸多开放空间观赏到的以各中心区现代建筑为主体的城市轮廓线，它们展示出充满现代都市活力的开朗氛围及与自然协调交融的历史风貌（图 2-57）。

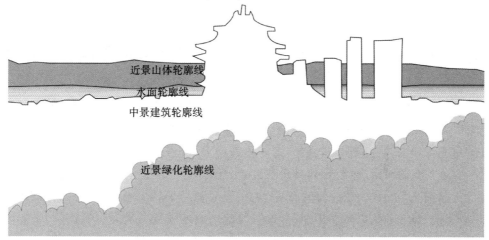

图 2-57　南京中心区城市轮廓线

（资料来源：自绘。）

4)以"林"为主题的城市轮廓线

南京的景观内容一方面指以中山林、仙林地区等成片林木栽植为特征的生态景观(八卦洲、江心洲的生态农业景观正在开发建设之中);另一方面则指伴随城市道路绿化建设而在城中普遍存在的林荫道路,中山路、御道街是其中的典型代表。观景点主要源自相关的线性道路,当人们在道路上快速通过或慢速步行,郁郁葱葱的自然特色与田园风貌迎面而来。

3. 重庆主城区城市轮廓线

重庆的轮廓线主要指以中央半岛山脊为基础和背景的轮廓线,包括:两江汇合处朝天门—解放碑平坝—枇杷山—鹅岭—佛图关—虎头岩—平顶山—华岩。

重庆城市轮廓线的起始端——朝天门码头,作为重庆的门户位于重庆半岛尖端,是典型的岬角形空间。现有的朝天门广场建筑体量依附地形,以退台的形式将城市轮廓线从开阔的水面自然地过渡到解放碑高层建筑密集区。解放碑地段虽然在脊线上标高较低,但是由于其地理位置便利,又宽阔、平坦,因此在现代城市发展中,这里的高层建筑急剧增多,簇群式发展的高层建筑形成了城市轮廓线的第一个高点,并且有逐渐增高的趋势。大量现代高层建筑的出现,虽然打乱了历史建筑的轮廓线,使得现在的轮廓线组成比较复杂,但是却形成了独具特色、空间层次分明的轮廓线。枇杷山东麓—鹅岭—佛图关段集中了枇杷山公园、文化宫、人民大礼堂、体育场馆、鹅岭公园、佛图关公园,形成公园群,现状绿化与自然地形特征保留较好,历史人文景观丰富。半岛中心脊线上的三个制高点汇聚于此,突出反映了山城特色。然而随着佛图关西麓—虎头岩—平顶山一带的逐渐开发,山脊线上多层建筑增多,密集成群的方盒子建筑取代了自然山体的轮廓线(图2-58)。

图2-58 重庆主城区城市轮廓线

(资料来源:改绘自毕文婷《城市天际轮廓线的保护与设计——以重庆主城区天际轮廓线为例》。)

2003年编制的《渝中半岛形象设计》,根据建筑轮廓线和自然地形特点,将渝中半岛分为三段八片进行规划控制。第一段为朝天门至解放碑。这一段的特点是濒临两江交汇处,地形高差变化相对较缓,城市轮廓线主要由建筑轮廓线构成。第二段为七星岗至两路口。这一段的山城地理特征比较明显,其中枇杷山公园是该地段的制高点。第三段为鹅岭至佛图关,这一段的山城地理特征最为明显,有一条非常清晰的中央山脊线,具有鲜明的重庆山城特色,是渝中半岛城市空间的自然地标(图2-59)。

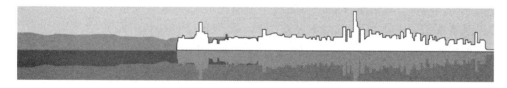

图 2-59　规划后的主城区城市轮廓线

（资料来源：改绘自毕文婷《城市天际轮廓线的保护与设计——以重庆主城区天际轮廓线为例》。）

城市轮廓线很大程度上取决于城市的地形，重庆具有得天独厚的优势——长江、嘉陵江交汇，中梁山、铜锣山、缙云山、明月山蜿蜒，形成了大山大水的景观格局。重庆的轮廓线是山形与建筑的叠加，随着城市建设的加快，高层建筑在城市轮廓线中的地位日益突出。若地形起伏不大，建筑有可能掩盖自然地形特征。因此要针对三个地段不同的山形分别进行设计控制。

第一段应强化建筑轮廓线。主城核心区的内部组团中心地带均可划为高密度发展区，其人口密度和建筑高度要求必须通过总体规划、分区规划、城市设计和控制性详细规划来确定。其中，对沿江组团中心可以给予限高的高层、高密度控制，形成城市多维集约簇群整体空间形态。

第二段应控制建筑高度，和谐处理建筑轮廓线与山脊轮廓线的关系。该段城市轮廓线整体偏低，核心地区可采用少量中高层建筑塑造轮廓线波峰，其余地区以低层、低密度建筑掩映到山体中。

第三段应严格控制建筑高度，强化山脊线和山体绿化。该段城市轮廓线主要由背景山体创造，建筑仅起点缀作用。

同时，结合渝中半岛的山形和城市轮廓线的特点，且与渝中半岛商贸和商务中心的城市功能相呼应，分别在解放碑中央商务区和上清寺的路口，以两组超高层建筑群——"民生城市之冠"和"中山城市之冠"，强化渝中半岛高低起伏的城市轮廓线，使之更加彰显重庆自然山体轮廓线与人工建筑轮廓线交错过渡、跌宕起伏的城市竖向轮廓特征。

2.3　城市廊道

城市廊道（urban corridor）是城市空间结构的骨架元素，一般以线性带状空间形态存在，其功能多种多样。城市廊道作为城市的有机组成，对应着城市的不同系统。城市廊道互相交织和联系，承担着不同的系统功能，构成了城市有机体形成和发展的骨架。结合对生命体的认识，城市廊道的功能就如同生命体中经络的功能。

2.3.1　城市廊道的概念界定

1.景观生态学层面

城市廊道的概念最早是由美国哈佛大学景观生态学教授理查德·福尔曼在

1986 年提出的,它是指景观中与相邻两侧环境不同的线状或带状结构,是景观生态学的基本要素之一。廊道、斑块和基质组成了景观的整体结构单元。

2. 城市层面

城市廊道作为城市空间的结构要素之一,是城市功能体的联系通道,是人流、物流、商流、信息流和资金流的空间活动载体,具有界面、路径和线性影响区域的特征,它与城市功能体共同构成了城市空间的结构要素。

2.3.2　城市廊道的特征

一般来说,城市廊道具有如下形态特征。

1. 连续性(continuity)

连续性是确定廊道空间带状长度的参考依据。城市廊道因关联关系线的线性缘故,在形态结构与功能方面呈现连续性、整体性的空间特点,在空间上具有一定的连续长度。

例如:佛山市城市总体规划以"一环"东西南北线的城市快速路构成连续的环状交通廊道,该交通廊道长约 100 km,廊道截面宽度约 1 km。该廊道在土地综合利用、城市生态景观、城市交通及整体地下空间开发等方面给城市带来巨大的发展潜力,形成"城市巨环",带动了城市整体协调和均衡发展。

2. 同质性(homogenization)

同质性是廊道带状空间宽度范围划分的参考依据。在一定用地范围内,城市廊道是由具有"关联关系"的主线串联起来,在城市形态上与周边相邻用地具有明显差异的城市肌理和限定范围的城市界面。

例如:我国台湾地区高雄市以捷运系统为主线的交通廊道,其特征是形成了沿线分布高层建筑、高强度开发建筑廊道,视觉上具有明显的空间限定区域。

3. 兼容性(compatibility)

不同类型、不同层次的廊道的空间形态往往会互相交叉、重叠,在功能上则相互协作、相互配合,这使得城市廊道具有兼容性特征。

例如:哈尔滨中央大街步行商业廊道,通过和滨水松花江的休闲廊道的重叠交替,在垂直交汇处设置了防洪纪念塔广场,使得两种廊道在功能和空间上互相渗透、互补互动,构成了集休闲、购物、景观等多种功能于一体的复合型城市廊道,提升了城市的空间活力和经济活力,同时也塑造了城市形象和特色空间。

2.3.3　城市廊道的分类

城市廊道类型多样,划分依据也各有不同。如表 2-5 所示,从 1986 年到 2006 年,不同学者对城市廊道有不同的分类依据与结果,对此进行综合整理后,现将城市廊道按廊道结构、廊道成因、廊道功能及空间层级进行分类。

表 2-5　城市廊道的既有分类

时间	人物	分类依据	类型	定义或特点	对城市的作用
1986 年	R·Forman	廊道结构	线状廊道	狭窄,带宽 12 m 以下的廊道,如狭窄的绿墙和小路	保护生物多样性
			带状廊道	内部物种较丰富的较宽条带,如相切的主要动力线	
			河流廊道	以水流线为边界的廊道	
1998 年	Bennel	廊道结构	线性廊道	由连续的(或接近连续的)适宜生境连接而成	保护生物多样性
			踏脚石廊道	由适宜的生境组成,其中镶嵌了一些干扰性的或不适宜的生境	
			景观廊道	由一些适宜性存在差异的生境组成,生境之间也存在镶嵌体,但不会出现明显的不连续现象	
1999 年	宗跃光	廊道成因	人工廊道	以交通干线为主	以产生经济效益为主,促使城市扩张
			自然廊道	以河流、植被带为主(包括人造自然景观)	缓解城市污染,减少中心市区人口密度和交通流量,促进土地利用集约化、高效化
		廊道形式	绿带廊道	位于城市边缘或城市各城区之间,由较为自然、稳定的植物群落组成的廊道	以隔离功能为主
			绿色道路廊道	与机动车道分离的林荫休闲道路,以及道路两旁的道路绿化	连接公园,为居民提供休闲游憩场,并且保护生物多样性
2001 年	车生泉	廊道功能	绿色河流廊道	包括河道、河漫滩、河岸和高地区域	实现城市生态规划;为居民提供休闲游憩场所;保护生物多样性
			生态环保廊道	以保护城市生态环境、提高城市环境质量和保护生物多样性为主要目的的廊道	实现城市生态环境保护,提高城市环境质量、恢复和保护生物多样性
			游憩观光廊道	以满足城市居民休闲游憩需求为主要目的的廊道	满足城市居民休闲游憩需求

续表

时间	人物	分类依据	类型	定义或特点	对城市的作用
2006年	李静等	廊道功能	自然型生态廊道	以改善城市生态环境，保护城市生物多样性为主要目的的生态廊道	改善城市生态环境，保护城市生物多样性
			文化型生态廊道	结合城市原有的名胜古迹等具有文化价值的场所而建立的生态廊道	向人们展示城市特有的历史文脉，并起到一定的文化教育作用
			娱乐型生态廊道	以满足城市居民休闲游憩等需求为主要目的的生态廊道	为城市居民提供休闲娱乐场所
			综合型生态廊道	具有上述两种及两种以上功能的生态廊道	改善城市生态环境的同时，为城市居民提供更好的游憩场所
		廊道形式	绿色带状廊道	在城市中以带状形式表现出来的生态廊道，包括带状公园廊道，风景林带廊道，防护林廊道	防灾减灾，而且对改善城市生态环境有重要作用
			绿色道路廊道	包括道路绿化廊道和林荫休闲廊道，其中道路绿化廊道指以机动车为主的城市道路两旁的道路绿化，林荫休闲廊道指与机动车相分离的，以步行、自行车等为主要交通形式的生态廊道	城市居民使用频率最高的生态廊道，城市规划的重点
			绿色河流廊道	包括滨河公园廊道，滨河绿带廊道，滨江带廊道，其中滨河公园廊道，滨河绿带廊道以游憩、休闲功能为主的滨江绿带廊道和滨江绿带廊道则是依据水系等级的不同而划分的两类河流廊道	改善城市生态环境，防灾减灾，也是展示城市形象的重要窗口

（资料来源：整理自许从宝、李青晓、田晨等《城乡规划领域廊道相关研究述评》。）

1. 按廊道结构分类

按廊道结构的不同,廊道可分为线状廊道、带状廊道及河流廊道,该类廊道可以保护城市的生物多样性。

1)线状廊道

线状廊道一方面指狭长条带型生态绿地,在城市中主要是指道路两边的绿地及防护绿地,其能形成绿色屏障,起隔离保护的作用。也指全部由边缘物种占优势的狭长条带,如小道、公路、树篱、地产线、排水沟及灌渠等(图 2-60)。

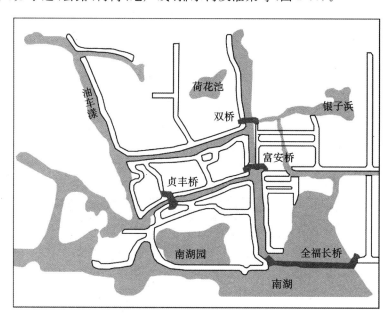

图 2-60　江苏省昆山市周庄镇河流廊道

(资料来源:改绘自金广君、吴小洁《对"城市廊道"概念的思考》。)

2)带状廊道

带状廊道指含丰富内部生物、具有中心内部环境的较宽条带。带状廊道拥有丰富的生物群落,规模较大,一般较宽,直接功能大多是隔离作用,防止城市无节制蔓延,控制城市形态等。

3)河流廊道

河流廊道是指沿河流分布而不同于周围基质的植被带,是以水流线为边界的廊道。河流廊道是一种宽带廊道,分布在河道两侧,包括河道边缘、河漫滩、堤坝和部分高地。河流水系是城市自然环境中重要的组成部分,构成了城市的自然生态骨架。

2. 按廊道成因分类

按廊道成因的不同,廊道可分为自然廊道和人工廊道。

1)自然廊道

自然廊道以河流、植被带为主,包括人造自然景观,可缓解城市污染,减小中心市区人口密度和交通流量,促进土地利用集约化、高效化(图 2-61)。

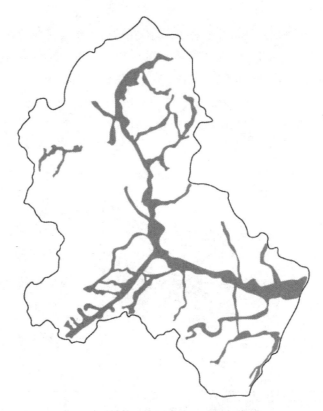

图 2-61 自然廊道示意

(资料来源:改绘自深圳市城市规划设计研究院规划设计方案文本。)

2)人工廊道

人工廊道以交通干线为主,以产生经济效益为主要目的,促使城市扩张。其中道路可以分为两种:一种是更易与自然相结合的,以步行、运动、自行车出行、休闲、游憩等为主的非机动车道路;另一种是专供机动车、轨道交通等使用的机动车道。

3. 按廊道功能分类

按廊道功能的不同,廊道可分为交通型廊道、景观型廊道、娱乐型廊道、生态廊道、建筑廊道、绿色廊道、文化廊道、通风廊道、视线廊道和综合型廊道。

1)交通型廊道

交通型廊道是指以地下交通和地面交通形成的交通沿线的城市空间区域,如轨道交通廊道、城市干道廊道,它是城市人流活动和物流输送、传递的重要路径。

2）景观型廊道

景观型廊道是指以自然景观的线形要素,联系景观斑块的重要桥梁和纽带。R. Forman 总结景观廊道一般具有栖息地(habitat)、通道(conduit)、过滤(filter)、源 (source)和汇(sink)五大功能。

3）娱乐型廊道

娱乐型廊道是指城市中为居民提供休闲娱乐场所的线性空间,参与构成了城市 开放空间。一般以休闲空间主题为营造策略,沿城市自然景观、街道设置休闲设施, 构成具有吸引力的休闲廊道,满足人们的休闲活动需求。娱乐型廊道的规划宗旨是 为城市居民提供便捷的服务(图 2-62)。

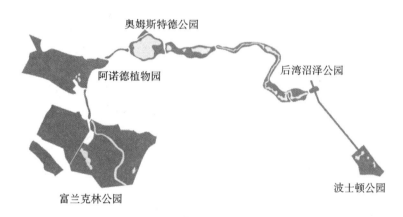

图 2-62　娱乐型廊道示意——波士顿翡翠项链

(资料来源:根据 Google Earth 卫星图绘制。)

4）生态廊道

生态廊道则是以自然要素为核心的特定廊道。城市生态廊道的完善能够促进 城市的活力提升和可持续发展。城市生态廊道通常由自然山体、水体、湿地和各种 形式的人工绿地构成,它们可以线性形式存在,也可以相互连接形成网状的结构(图 2-63)。

5）建筑廊道

建筑廊道一般是沿城市主要干道形成的高强度的开发走廊,如深圳沿深南大道 的交通廊道形成了高层建筑走廊(图 2-64)。

6）绿色廊道

绿色廊道(简称绿道)的概念源于景观生态学中"斑块—廊道—基质"的空间镶 嵌构型,车生泉从功能角度对绿色廊道进行了定义,认为城市绿色廊道应该具备五 个基本特性,即线性空间的形态特征、城市生态和社会服务功能、相互间的连接性、 城市可持续发展的重要组成部分、综合性的城市绿地。

图 2-63 生态廊道示意——伊犁河及两岸城区
(资料来源:改绘自 http://www.campave.com/show-12-8629-1.html。)

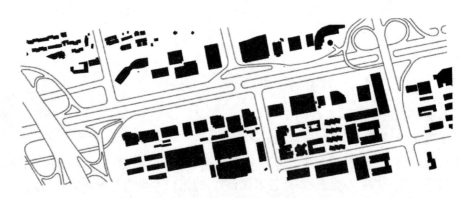

图 2-64 深圳深南大道建筑廊道示意
(资料来源:根据 Google Earth 卫星图整理。)

    Little 认为,绿道是沿着自然廊道(如河岸、溪谷、山脊线等)或转变为游憩用途的铁路沿线、运河或者其他线路的线性开放空间,任何为步行或自行车设立的自然空间或者景观道路,连接公园绿地、自然保护区、文化景观或者历史遗迹及其聚落的开放空间。Abern 对绿道的定义则更加详细,将其定义为经过规划、建设和管理的多用途线状要素土地网络,并强调绿道必须具有线性空间形态、连接性及多功能(生态、文化、社会和美学等),并且必须是可持续的,以及具备绿道网络战略意义等五个重要特征。

通俗意义上的绿色廊道就是呈带状的绿地(图 2-65)。从小环境角度上看,围绕着学校的树林、城市道路两侧的花坛和树木是绿色廊道;从城市角度上看,穿越城市的河流、深入城市的山脉是绿色廊道;从区域角度上看,江、河、峡谷等都是绿色廊道。绿色廊道空间是城市绿色空间系统的一个重要构成元素,也是城市绿色空间系统发挥功能的重要载体。

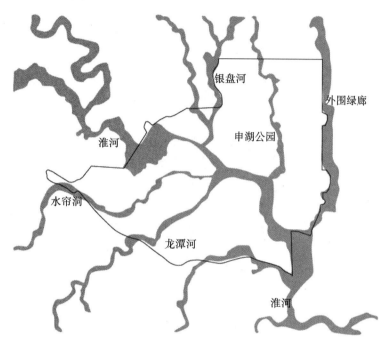

图 2-65　桐柏县绿色廊道

(资料来源:自绘。)

7)文化廊道

文化型廊道主要指城市中具有文化价值和教育意义的历史街区或连接历史遗址的线性空间,其旨在保护文化与生态的同时为人们提供休闲游憩场所,其理论所突出和强调的是把自然及文化遗产合二为一,在关注城市遗产文化价值的同时发掘其生态及经济价值。

8)通风廊道

"通风廊道(即风道)"一词源自德语的"ventilationsbahn",由"ventilations"和"bahn"组成,分别是"通风"和"廊道"的意思。通风廊道是以提升城市的空气流动性、缓解热岛效应和改善人体舒适度为目的,为城区引入新鲜冷湿空气而构建的通道(图 2-66)。《香港规划标准与准则》于 2006 年在城市规划中列明城市通风廊道(通风廊)的定义及功能:"通风廊应以大型空旷地带连成,例如主要道路、相连的休憩用地、美化市容地带、非建筑用地、建筑线后移地带及低矮楼宇群;贯穿高楼大厦密集的城市结构。通风廊应沿盛行风的方向伸展；在可行的情况下，应保持或引导其他天然气流，包括海洋、陆地和山谷的风，吹向已发展地区。"

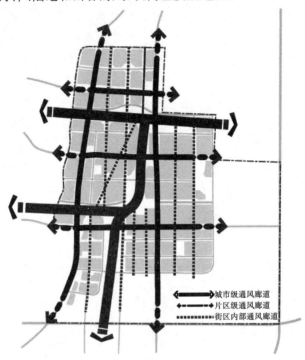

图 2-66　某城区通风廊道示意

（资料来源：自绘。）

9）视线通廊

根据平面几何公理"经过两点有一条直线，并且只有一条直线"，在视觉分析中连接视点与景点所形成的通廊，即为视线通廊。视线通廊的终点为"景点"，是城市设计中既有或潜在的良好景观场所，起点则是"视点"，是观看"景点"的场所。视线通廊的作用是保证城市设计方案实施后"景点"与"视点"之间或者不同"景点"之间能够建立良好的对视关系（图 2-67、图 2-68）。

10）综合型廊道

综合型廊道的功能相互重叠，如商业景观休闲廊道。除了主要交通干道，许多城市廊道都是具有多种功能的综合型廊道，集社会、经济和环境效益于一体。

4. 按空间层级分类

1）主廊道

主廊道在一定的城市空间区域内连接该地区的主要城市功能体，构成该地区城市空间的主要结构骨架，是城市的"经脉"。其决定了城市发展的布局，如城市的主风廊、主绿廊、主要交通干道、轨道交通廊道等。

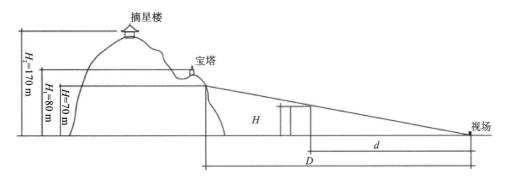

图 2-67 延安市视线通廊剖面分析

（资料来源：描会自郑阳《城市视线通廊控制方法研究——以延安市宝塔山为例》。）

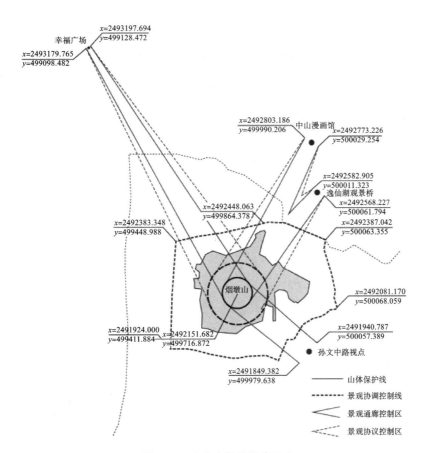

图 2-68 中山市视线通廊示意

（资料来源：《中山市中心城区重点景观通廊控制区管理导则（空间规划）》。）

2）次廊道

次廊道在一定城市空间区域内连接该地区的次要城市功能体,也是城市结构骨架的组成部分,如城市的次风廊、次绿廊、次要交通干道、次要景观通廊。

3）支廊道

支廊道是连接城市空间层级最低等级的功能体廊道,如建筑商业街、社区绿道等。

2.3.4　城市廊道的功能

1. 生态服务功能

生态服务功能是城市廊道其他功能的基础,绿色廊道、景观廊道、生态廊道都明显体现了这一功能。与城市中其他建设用地相比,绿色廊道从绿色植被的质、量两方面都要更优,大量的优质绿化是构成绿色廊道的必要条件。

1）物种迁移通道

人类活动范围的扩大和强度的增加致使动物栖息地丧失和景观破碎化,其直接后果就是大量野生动物灭绝和城市空间范围内物种单一性加强。绿色廊道对于生物流、物质流、能量流均具有重要的作用,能使动植物群通过长期的基因交换在自然进化中保持健康或为当地物种提供被破坏后的恢复机会。

2）保护生物多样性

绿色廊道、生态廊道有利于保护多样化的生物和乡土环境,城市生态廊道的建设构建了城市绿色网络,是城市绿地系统的重要组成部分,强化了城乡景观格局的连续性,保证了自然背景和乡村腹地对城市的持续支持能力。

3）改善城市微环境

绿色廊道所具有的优质绿化有助于缓解城市热岛效应,减小噪声,改善空气质量和生态环境;有利于调节局部小气候,改善城市内部通风环境,优化城市的"呼吸系统",增强城市自我调节能力。除此之外,绿色廊道的生态效益能使沿线的居民享受更加舒适的居住环境。

2. 社会文化功能

1）调节心理功能

M. J. Che 对自然的心理效应进行了总结,归纳出 97 种与自然相联系的人类活动,这些活动使人产生 49 种感官满足。从色彩学上说,湖水的蓝色和树木的绿色都是镇静色,可使人心情平静。假若城市内缺少使人感到镇静的绿色、蓝色,而充满让人兴奋的红色、黄色,居民就得不到安静祥和的环境。因此,城市绿色廊道、生态廊道、景观廊道、河流廊道都有调节心理的功能,而城市绿地的社会效益,归根结底是源于绿色空间对于人心理及行为模式的潜在影响。

2)视觉美学功能

城市廊道的视觉美学功能主要集中于提升景观质量,而景观的视觉质量取决于在一个区域中所能见到的景观序列。城市廊道规划中对视觉质量的研究主要集中在辨别、评价和保护,突出具有较高质量的要素,同时确定这些要素对于使用者的可达性。绿色廊道良好植被绿化的自然属性缓解了城市建(构)筑物的冷漠,大大改善了视觉景观效果,尤其是当廊道的绿色植被和建筑环境彼此呼应、相互烘托的时候,会获得令人愉悦的视觉效果。

3)休闲娱乐功能

良好的环境质量和公共空间极易形成周边居民公共活动中心并使人由此产生对所在环境的认同感。城市绿色廊道、河流廊道、生态廊道、文化娱乐型廊道可以成为周边居民日常休闲、娱乐及社交的户外空间,它们共同构成城市开放空间。

4)教育功能

由于城市绿地具有游憩、景观美学观赏及塑造城市风貌的功能,因此其成为一种极佳的媒介,潜移默化地在人与人、人与物及物与人之间相互传递着各种城市生活信息和情感。在城市中保留一部分自然状态的廊道可以增加人们亲身体验自然的机会,激发人们的生态保护意识。在城市中保留有文化价值、教育意义的文化廊道,可以在保护文化的同时让人们了解所在城市的历史,增加认同感和归属感。

3. 经济发展功能

经济型廊道一般是城市中的交通空间、商业街区等,是城市中人流、物流、经济流和信息流最为密集的地段,承担信息流、资金流的传播与流动,具有直接的经济发展功能。城市绿色廊道作为城市中的自然资源,也可吸引大量人流聚集,具有间接的经济发展功能。

1)促进城市第三产业发展

市场经济条件下,大量的人流意味着市场的存在,发展第三产业提供各种服务,可以把潜在市场转化为现实的市场。例如,重庆市沿嘉陵江和长江打造的南滨路和北滨路就以餐饮业和相关服务业为发展支柱,为当地创造了大量的经济收入。

2)提升沿线土地价格

因绿色廊道所具有的景观资源、生态资源、潜在市场等诸多利好因素而伴生影子价格,而影子价格附着于公共产品,如制氧、杀菌、滞尘等带来的能源节省和消耗减少,让沿线土地成为主要的受益对象,这些都促使城市绿色廊道沿线土地价格明显升值。

2.3.5　城市廊道的研究方法

1. 城市廊道研究的实验方法

城市廊道研究的野外实验以野外观测比较为主,通过环境梯度上或某一生态过程中的不同点位对实验对象进行观测比较。这种方法对研究自然状况有较好的代表性和普遍性,适用于中小空间尺度的廊道研究。

2. 基于遥感、地理信息系统的城市廊道研究方法

城市廊道研究越来越借助于 3S 技术,尤其是大空间尺度的廊道提取、分析、模拟,以及跨时间段的廊道格局演替等,很大程度上都是通过 RS、GIS 手段来完成的。这种方法适用于大空间尺度的城市廊道研究。

例如,利用 DEM 数据建立研究区的河流廊道,在对山脉构架进行空间分析的同时,结合遥感影像上森林、草地等高生态服务功能生态系统的分布情况,构建有利于生物多样性保护、物种交流的山地生物廊道等。

3. 城市廊道定量研究的景观格局方法

景观格局的定量分析建立了城市廊道结构与功能之间的联系,使研究者可从景观结构推断其功能及动态变化。使用景观空间格局指数可定量地描述景观格局,对不同的景观进行比较,研究各景观的结构、功能及动态的异同。针对不同的研究目的,景观分析可以借鉴数学、物理、地理学及生态学等学科的分析模型,将计算机作为手段,应用到景观分析之中。

例如,通过对各种景观类型分形指数的分析,利用 GIS 可以在整体景观中提取带状廊道、线状廊道和河流廊道;而通过景观连通性的分析,可确定各类廊道的重要性,并根据生物保护与生态安全的需要指导生物廊道的布设。

4. 城市廊道的效益梯度分析及预测

宗跃光(1999)在研究城市廊道时提出,城市的廊道效应源于围绕廊道一定范围内存在的效益梯度场。廊道效应遵循距离衰减率,将对数衰减函数和半立方抛物线模型引入廊道效应研究,生成了城市廊道距离衰减函数曲线、人工廊道与自然廊道两种效益曲线和自然廊道锋面形变过程曲线,进而确定了城市廊道效益最佳分界点,即人工廊道和自然廊道效益曲线的交点。通过这些方法可分析城市廊道扩张的特征,并对城市廊道未来的扩张作出预测。

2.3.6 城市廊道的控制方法

1. 定性的控制方法

合理地运用场所和边缘效应理论,激发城市绿色廊道在生态、经济和社会方面的潜能是城市绿色廊道设计和控制的目标。为了保证这一目标的实现,徐晓波在《城市绿色廊道空间规划与控制》一文中提到,城市绿色廊道需要从以下几个方面进行控制。

(1)地块内环境的完整性与地块间环境的连续性结合

一条绿色廊道有可能是由多个修建性的详细规划共同控制的,不同的设计可能受到投资主体、市场、潮流等多种因素的干扰而导致相互之间的不协调甚至是矛盾。为了保证绿色廊道系统的完整性和统一性,就必须重视在对绿色廊道进行规划控制时,要将地块内环境的完整性与地块间环境的连续性相结合。地块内环境的完整性就是每个规划应该创造出"有性格的空间",以满足特定人群的需求。地块间环境的连续性就是对地块进行设计的同时应该考虑到其与周边环境要素的连续性和关联性,以构建更大尺度的绿地网络系统。

(2)由二维控制向三维控制转变

场所的营造和环境区边缘效应的发挥,也就是营造具体的空间场所,而一个现实的场所空间是拥有三维空间尺度的环境,不同的空间尺度给予人的心理感受不尽相同。绿色廊道空间的三维控制要素包含以下几个方面的内容:

①在营造场所时对植物高度的控制;

②在营造场所时对植物沿高度分布的层次性控制;

③在营造场所时对建筑物或构筑物高度的控制。

(3)时间要素的引入

城市绿色廊道是一个动态的系统。因为城市绿色廊道最重要的构成要素——植被受到气候的影响巨大,一年四季可能呈现完全不同的形态和色彩。更需要注意的是,在营造场所时我们所选择的植物经过几十年的生长后很可能完全地改变了场所原先的形态和性格。

(4)建筑与环境之间的控制

城市绿色廊道要发挥其在生态、经济和社会等方面的潜能,必然离不开城市绿色廊道与周边用地的结合,而这种结合就是以环境和场所为代表的绿色廊道与以建筑物和构筑物为代表的建设用地之间的协调。这种协调关系实际上就是对城市绿色廊道与建设用地两者之间形成的边缘性空间及边缘区的处理。

2. 定量的控制方法

1)城市视线通廊的控制

(1)城市景观资源的圈层划定——确定城市景观适宜欣赏的视觉距离

城市景观是指在城市范围内的各种实体视觉要素构成的视觉整体,是人们通过视觉反映出的城市形象。从视觉欣赏的空间尺度来看,城市景观由小到大可以依次分为三个层次:一是大型多层公共建筑整体,如展览馆、综合商厦、体育馆等;二是城市高层建筑群(核心区)层面,如城市中心区建筑群等;三是全城景观层面,如在山顶远眺整个城市的空间形态等。

杨俊宴团队所做的室外视觉测试认为,100~130 m 是观察大型多层公共建筑整体的有效距离,在此范围内可以清晰地看见大型多层公共建筑跌宕起伏的轮廓、凹凸的体量变化和细致的立面;600~1400 m 是欣赏城市高层建筑群(核心区)的合适距离,在此范围内可以清晰看见城市中心景观和标志性建筑错落的组合关系;3000~8000 m 是远眺城市总体景观的最佳距离,既能够看到城市跌宕起伏的整体轮廓线,又能够欣赏城市内重要的地标建筑群,具有丰富的层次感(表 2-6)。

表 2-6 城市各类景观的不同欣赏距离及其影响

城市景观类型	视觉距离	视角	空间宽高比（D/H）	示意图
多层大型公共建筑整体	小于 80 m	大于 24°	小于 2.2	$D=2.8\sim3.6H$，$16°<\alpha<20°$，能欣赏体量变化和细致立面
	100～130 m	16°～20°	2.8～3.6	
	大于 160 m	小于 13°	大于 4.4	
城市高层建筑群（中心区）	小于 400 m	大于 19°	小于 2.9	$D=4.3\sim10H$，$6°<\alpha<13°$，能欣赏建筑群错落组合关系
	600～1400 m	6°～13°	4.3～10	
	大于 1600 m	小于 5°	大于 11.4	
全城景观形象	3000～8000 m	小于 8°	大于 20	$D>20H$，$\alpha<8°$，能欣赏全城景观形象

资料来源：杨俊宴、孙欣、潘奕巍等《景与观：城市眺望体系的空间解析与建构途径》。

（2）城市景观眺望的类型划分

杨俊宴等根据眺望点与其欣赏的城市景观之间存在的距离、高度、角度三种关系，将城市眺望点划分为三种类型，分别为近景眺望点、平眺眺望点和鸟瞰眺望点（表2-7）。

表 2-7 城市眺望的类型划分

眺望点类型	小类	距离	高度	角度	类型	示意图
近景眺望点	定向近眺点	600 m 以内	人视高度	一个或多个视角	公共建筑、步行街巷、小型视廊	
	环视近眺点	600 m 以内	人视高度	360°视角	城市广场、城市中心公园绿地	

续表

眺望点类型	小类	距离	高度	角度	类型	示意图
平眺眺望点	定向平眺点	600~1400 m	人视高度	一个或多个视角	大型视廊	
	环视平眺点	600~1400 m	人视高度	360°视角	岛、河道上的大桥	
鸟瞰眺望点	定向鸟瞰点	3000~8000 m	城市制高点	一个或多个视角	山体	
	环视鸟瞰点	3000~8000 m	城市制高点	360°视角	大型超高层建筑顶部、大型观光构筑物、城市之眼	

资料来源：描绘自杨俊宴、孙欣、潘奕巍等《景与观：城市眺望体系的空间解析与建构途径》。

（3）城市景观眺望点的空间选择——确定可作为眺望点落点的城市空间

基于眺望圈层划定的原理，杨俊宴等将城市方便人流到达的开放空间同眺望圈层进行叠合，得到不同功能类型的眺望点，这些眺望点位于适合眺望景观的欣赏距离内，具备眺望相应景观对象的基本物质条件。将城市中可以作为眺望点落点的城市空间分为四种类型，分别为城市门户、开敞空间、视觉廊道、城市制高点（图 2-69）。

①城市门户——城市与外界进行人流、物流、信息流交换的区域，具有特定功能与形态特征的城市空间单元，主要有空港门户、火车站门户、高速公路门户、普通公路门户、水运门户等类型。而客运铁路车站、长途汽车站门户和人的感受息息相关，为了快速疏解人流，这类客运门户一般都具有大型集散广场。城市门户可以说是城市与外界环境之间的过渡区，是外来者感受和体验城市的第一站，往往会给外来者留下深刻的印象。

②开敞空间——具有一定规模的各种类型的城市商业广场、公园绿地、河道湖面等城市开敞空间，允许人们自由进入。这类城市空间是散布于城市之中数量最为

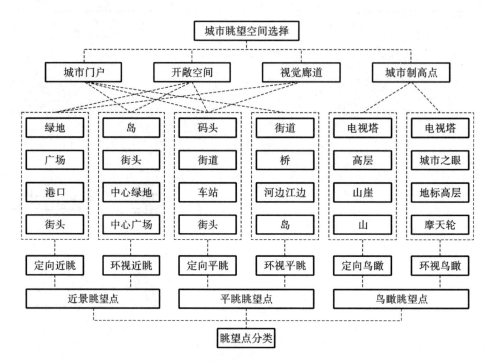

图 2-69 城市眺望点的空间选择

(资料来源:描绘自杨俊宴、孙欣、潘奕巍等《景与观:城市眺望体系的空间解析与建构途径》。)

众多的公共空间。

③视觉廊道——街道、地面或高架的有轨交通通道,江河水道、生态廊道等实体廊道,游览步道和旅游步行街等特色街道……诸如此类的线性空间。这类空间或平行于开敞的江河湖面,可平眺对岸景观;或于廊道中纵向平眺城市地标建筑或山体等对景。从视觉廊道纵向眺望景观往往形成强烈的透视效果,同时也存在近景遮挡的现象,需要进行相应的景观规划控制。

④城市制高点——具有鸟瞰城市条件的人文景点、具有登高望远条件的山体、顶层向公众开放的高层建筑等。城市制高点可以分为两类:一类位于高层建筑、电视塔、纪念碑等人工制高要素顶部空间之上;另一类位于山、丘等城市生态自然要素之上。城市制高空间具有视点高、视野广阔、可俯瞰城市和远眺山水田园风光等特点,可以向欣赏者展示城市最佳的总体形象,是城市的空中览胜之处。

2)城市通风廊道的控制

为了保障风廊的通风效率,结合城市中微观尺度的城市设计与控制性详细规划,从宽度、走向、开敞空间、相邻界面、建筑五个方面,对城市通风廊道进行更为详细的规划控制(表 2-8)。

表 2-8　风廊道控制指标一览表

控制要求		主通风廊道	次通风廊道
通风廊道规划	宽度	不小于 150 m	不小于 80 m
	走向	风廊走向尽量与主导风向平行，与主导风向的夹角应不大于 45°	
	开敞空间	廊道内建设用地比例不大于 20%	廊道内建设用地比例不大于 25%
地块指标控制	建筑	廊道内建设用地的建筑密度不大于 25%	廊道内建设用地的建筑密度不大于 30%
		廊道内建设用地的阻风率不大于 0.6	廊道内建设用地的阻风率不大于 0.7
	相邻界面	高宽比不大于 0.5，开放度不小于 40%	高宽比不大于 1，开放度不小于 30%

注："廊道内建设用地比例"是指除了道路、绿地、广场以外的建设用地。

资料来源：描绘自梁颢严、李晓晖、肖荣波《城市通风廊道规划与控制方法研究——以广州市白云新城北部延伸区控制性详细规划为例》。

梁颢严等学者在《城市通风廊道规划与控制方法研究——以广州市白云新城北部延伸区控制性详细规划为例》一文中，对通风廊道的宽度、走向、开敞空间、建筑及相邻界面提出以下几点建议。

（1）宽度

宽度是实现廊道通风的基础。建议主通风廊道控制宽度不小于 150 m，次通风廊道控制宽度不小于 80 m。

（2）走向

应结合气象局及现场观测资料，分析规划区的主要风源，预测夏季可能的主导风向，使通风廊道的走向尽量与主导风向平行，与主导风向的夹角应不大于 45°。

（3）开敞空间

通风廊道内可规划一定量的建设用地，但建设用地的规模、用地内的建筑容量应严格控制，建议主通风廊道内除道路、绿地、广场以外的建设用地比例不大于 20%，次通风廊道内建设用地比例不大于 25%。

（4）建筑

建议主通风廊道内建设用地的建筑密度不大于 25%，阻风率不大于 0.6；次通风廊道内建设用地的建筑密度不大于 30%，阻风率不大于 0.7。

（5）相邻界面

建议控制位于通风廊道两侧建设用地建筑的高度与宽度，其中主通风廊道两侧建筑的平均高度不大于通风廊道宽度的一半，开放度应不小于 40%；次通风廊道两侧建筑的平均高度不大于通风廊道宽度，开放度应不小于 30%（图 2-70）。

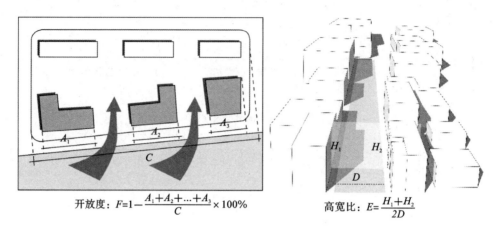

开放度：$F = 1 - \dfrac{A_1 + A_2 + \cdots + A_3}{C} \times 100\%$

高宽比：$E = \dfrac{H_1 + H_2}{2D}$

图 2-70　开放度与高宽比计算示意图

（资料来源：描绘自梁颢严、李晓晖、肖荣波《城市通风廊道规划与控制方法研究——以广州市白云新城北部延伸区控制性详细规划为例》。）

3）生态廊道的控制

完善的城市生态廊道网络不仅能改善城市的生态环境，起到防风减灾的作用，更能为居民提供良好的生活和游憩环境。叶蕾在《基于 GIS 的城市生态廊道形态研究》一文中提出生态廊道的控制可以从以下几点进行。

（1）生态廊道密度

$$D_1 = L/A \tag{2-12}$$

式（2-12）中，D_1 为生态廊道密度（m/km^2），L 为研究范围内生态廊道骨架总长度（m），A 为研究区域面积（km^2）。

生态廊道密度指标反映每单位面积下城市生态廊道的密集程度，按指标意义，生态廊道的密度越大，说明每平方千米城市范围内具有更长的生态廊道，生态廊道的密集程度越高。

（2）生态廊道节点密度

$$D_2 = m/A \tag{2-13}$$

式（2-13）中，D_2 为生态廊道节点密度（个/100 km^2），m 为研究范围内节点总数（个），A 为研究区域面积（100 km^2）。

生态廊道节点密度表现了生态廊道的连接程度与生态廊道形成的网络复杂程度。在相同生态廊道密度下，每单位面积下的生态廊道节点密度越大，说明生态网络复杂程度越高。

（3）生态廊道中的绿道丰裕度

$$F = a_1/a_2 \tag{2-14}$$

式(2-14)中,F 为绿道丰裕度(%),a_1 为研究范围内绿道总面积(hm^2),a_2 为研究范围内绿地总面积(hm^2)。

生态廊道中的绿道丰裕度指标是考虑了生态廊道作为动植物生境的生态意义而提出的形态量化描述指标,其最主要的目的是反映城市中可称为生态廊道的绿道占到整个城市绿地空间的比重,或者说是反映城市绿地空间中具有生态价值的绿地面积所占的比重。绿道丰裕度越高,说明城市绿地生态质量越好。

(4)面状绿道的维持度

$$b = b_1 + b_2 \qquad\qquad (2\text{-}15)$$

$$T = b_1 / [b \cdot (N+1)] \qquad\qquad (2\text{-}16)$$

式(2-15)、式(2-16)中,b 为面状绿道总面积(m^2),b_1 为有效绿地面积(m^2),b_2 为人工地物面积(m^2),T 为面状绿道维持完整性的程度(%),N 为面积不小于面状绿道总面积 1% 的人工地物的个数。

面状绿道维持其完整性的程度越大,说明面状绿道中的人工地物对绿道的干扰度越低,生态质量越高。当面状绿道图形中不存在人工地物的干扰时,面状生态绿道维持其自身完整程度达到 100%,所有面积都用于发挥生态廊道的生态效益。$(N+1)$ 的意义是:当 $N=0$ 时,图形总数保持为 1,这时即便存在些许人工地物干扰,面状生态廊道也可维持其基本生态功能;当 $N=1$ 时,说明面状生态廊道中存在一个明显的人工地物干扰,此时的图形被拆分为两个不同的单元。面状生态廊道的生态作用受到改变,生态平衡被打破,面状生态廊道的维持度降低,反映在数值上就是 N 从 0 到 1 的变化。

2.4 城市轴线

2.4.1 城市轴线的基本概念

1.基本含义

城市轴线通常是指一种在城市空间布局中起驾驭空间结构作用的线形空间要素。城市轴线一般分为广义的城市轴线与狭义的城市轴线两种。广义的城市轴线与城市总体形态有关,是城市发展方向的"轴"。狭义的城市轴线是城市的空间形体轴。无论是广义的城市轴线还是狭义的城市轴线,往往都与城市物质形态相结合,通过城市的外部开放空间及其与建筑的关系表现出来,也是人们体验城市环境和认知空间形态的一种途径。本节所讨论的对象主要指狭义的城市轴线。

2.存在形式

从城市轴线的存在形式来区分,城市轴线包括实轴与虚轴两种。

实轴是客观存在的具有鲜明物质空间形态实体的轴线,呈现出显性状态。通过各种建筑物的前后照应、左右对称形成可以建立空间格局的框架,每条轴线都可以得出建造建筑群体或城市发展的意义。实轴是为实施而构筑,因而带有强烈的功能性和物质性。我国北京市的中轴线就是典型的实轴(图2-71、图2-72)。

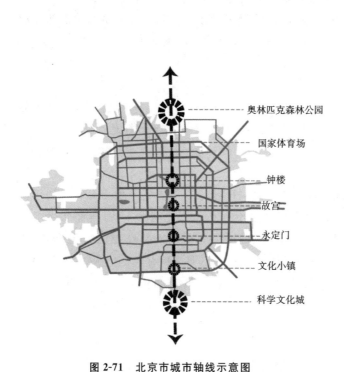

图2-71 北京市城市轴线示意图
(资料来源:改绘自成亮《浅析城市轴线在城市规划中的运用》。)

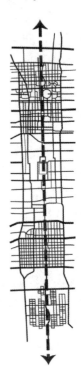

图2-72 北京市中轴线规划设计

(资料来源:改绘自成亮《浅析城市轴线在城市规划中的运用》。)

奥林匹克森林公园

国家体育场

钟楼

故宫

永定门

文化小镇

科学文化城

虚轴是潜藏在建筑或城市空间中的,需要人心理思维的加入才能浮现出来从而被人们认知的轴线,因此其实质上是规划者心中有形或无形存在的一种轴向性的城市构图意向,表现为创作者的心里所思,存在意识性,也可称之为"隐形轴线"和"心理轴线"。法国巴黎市传统的城市轴线就是典型的虚轴(图2-73、图2-74)。

3. 构成要素

城市轴线能组织的构成要素是多方面的,既包括人工的建筑物和构筑物,如各种建筑体、广场、道路、雕塑、小品等,也包括各种自然物,如山川、河流、树木等。

城市轴线上不断的图形暗示,保持了轴线的延续性,引起人们视觉上的不断注意,这些图形便构成了轴线的组成单元。

1)建筑物

城市轴线上的建筑物一般是公共建筑,如纪念堂、体育馆、办公楼、市政厅等,它们往往是轴线上的主体,也是轴线起点、终点、高潮点所在。影响城市轴线的建筑元素有很多,包括建筑的体量、形态、色彩、材质等。这些元素通过对称、整体对称局部不对称等方式,形成丰富多彩的轴线空间,如北京天坛的轴线(图 2-75)。

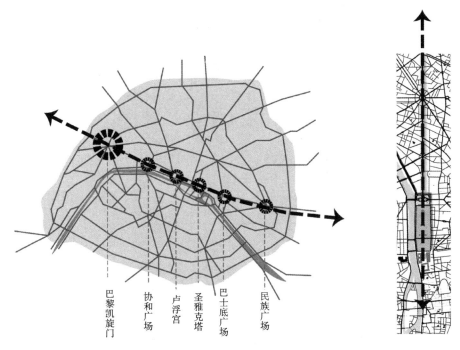

图 2-73　巴黎城市主轴线示意图

(资料来源:改绘自成亮《浅析城市轴线在城市规划中的运用》。)

图 2-74　巴黎城市主轴线

(资料来源:改绘自成亮《浅析城市轴线在城市规划中的运用》。)

2)构筑物

构筑物,如纪念碑、电视塔、喷泉、拱门、雕塑、花园等,可强调视觉效果并起到联系轴线的作用,同时对城市形象的改善和居民生活水平的提升有着促进作用。

3)道路和广场

交通量不大的城市道路可设置为林荫大道,种植对称整齐的行道树或绿篱;交通量大的道路是交通和视线的纽带。道路是典型的线性空间,通常在轴线上起着连接与联系的作用。广场则常与建(构)筑物一起形成轴线的节点,塑造空间上的起伏,赋予轴线空间连续的序列和有节奏的变化。作为城市空间重要的组成因素,它们承载着人们的各种活动(图 2-76)。

4)自然风景

山川、河流、湖泊等,包括规则的人工水面或活泼的自然水面,它们都可以成为直接构成轴线的要素(图 2-77)。

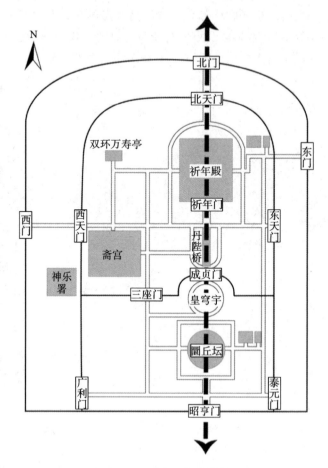

图 2-75　北京天坛的轴线

(资料来源:改绘自 Ming Ming Su, Wall G. *A Comparison of Tourists' and Residents' Uses of the Temple of Heaven World Heritage Site, China*。)

4. 作用与意义

1)城市轴线是权力与文化的象征

城市轴线必然代表建造它的群体力量的利益,这是城市空间建设的"外部动因",包括政治、经济、军事、宗教、社会等多个方面。例如,北京和华盛顿两个城市都是作为首都并且按理想的规划而重新修建的,两者都有规划整齐的街道网络,均面向四个方向,北京为四面,华盛顿为四角;在结构上,两个城市的主轴线均很明显,既在规划中突出了首都的中心地位,也暗暗反映了轴线是规定秩序的工具,使空间结构化。

2)城市轴线是城市形象的代表

城市轴线塑造了城市重要的线性空间,它给城市带来了鲜明的视觉印记,而这些视觉印记是城市形象的代言者。同时,城市轴线承载的产业形态、文化氛围、景观序列等,是城市对外宣传的桥头堡。另外,城市轴线也暗含"城市文脉",城市文脉是

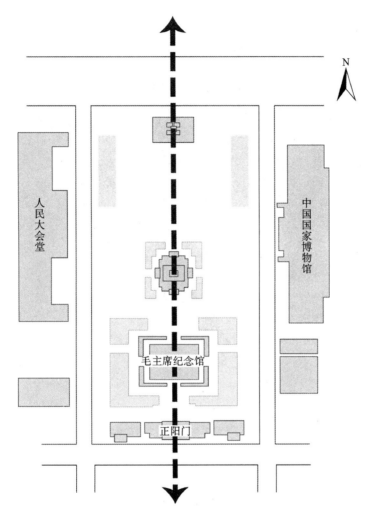

图 2-76　天安门广场的轴线

（资料来源：根据 2006 年北京国际马拉松赛天安门起点平面图绘制。）

经过长期的发展而形成的，属于特定地域和时期的集体潜意识，包括世界观、价值观等，也是大众媒介对于城市的反映、建构或者再现。

3）城市轴线对群体空间的组织和控制作用

城市轴线往往有组织和控制城市空间的作用，是城市空间的结构骨架，通过轴线可以串联起城市交通、景观、用地功能等系统要素。具体而言，城市轴线通过串联的方式，将各个不大相关的要素联系在一起，建立一种线性的秩序感。

4）城市轴线可以组织和控制城市空间发展形态

城市轴线的发展首先是对轴线上的若干点进行重点开发，由控制一点的极化过程发展为控制一条轴线的不断延伸和聚集，从广度和深度两方面同时拓展这一扩散过程，直至完成整个区域的平衡发展。

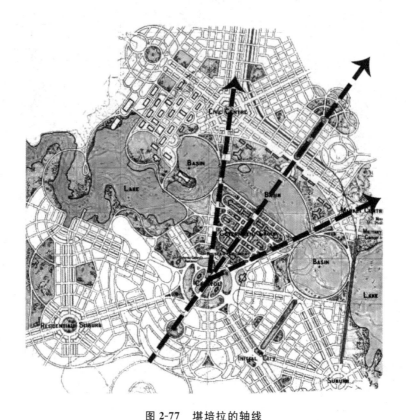

图 2-77 堪培拉的轴线

(资料来源:改绘自 1916 年堪培拉规划。)

2.4.2 城市轴线的历史发展

城市轴线和城市发展密切相关,因此城市轴线是一种历史性的城市空间组织与设计的思想和方法。认识城市轴线的历史发展有利于我们更深刻地理解轴线的作用和存在的意义。

1. 城市轴线的起源

直观来讲,轴线是几何学上的概念,由于城市规划同样是图形艺术,讲求图形创造,因此轴线这种几何图形概念很易被规划学所接纳,而后发展成具有规划学内涵的专业术语。这是科学发展到一定阶段的学科借鉴,但在此之前,甚至在人类文明萌发初期,对称便存在于早期的建筑艺术之中,它比轴线更早地被人类认识,因此追述轴线起源的深层因素还要从对称着手。

在既有的城市轴线研究中,学界对于城市轴线起源的内在原因有着以下一系列猜想。

1)对自然界的模仿

古希腊哲学家认为,艺术起源于人类对自然的模仿。在人类早期艺术创作中不难见到人类对自然界中形式秩序的模仿,尤其在自然生命中,"对称"形态作为一种明确、简洁、有序形式,对人类而言有一种可以自然接受的亲和力,所以我们天生就对对称有一种自然的美学认识。因而在生活实践中,当人类采用对称作为一种艺术创作工具时,也按照这种明确而简洁的方式来组织居住空间,进行单体建筑和建筑群体的建造与组织。

2)对秩序美的向往

在人类原始艺术作品中不难看到轴线对称构图的作品,如壁画、陶器、图腾、雕塑等,这些作品内在的对称、重复特征,以及具有秩序性的构图方式无不体现着人们对有序形态的追求。或许正是由于原始社会粗糙混乱的生活体验,这种有序、对称、明朗的规律秩序才让人们感受到美,同时影响着人类的建筑、聚落与城市的创造实践。

3)对太阳的崇拜

原始的城市轴线与太阳崇拜有关。在人类文化的原初阶段,我们的祖先对于环境外在空间的认识与理解处于一种混沌与朦胧的状态,在相当长的一段时间内,我们的祖先没有空间方位的概念,不理解何以所载,何以所复。而太阳规律地东升西落就是人类祖先对外在空间最早的感受,太阳以其极强的方向性,作为人类祖先测量、定位的参照物,因此人类祖先将建筑朝向太阳布局,建筑轴线指向太阳,既满足日照的要求,又是心理的向往所归。由此,人类祖先对太阳的崇拜带来了群居聚落中东西向空间序列的产生。

而漫长的生活实践经验使祖先们认识到东西向建筑居住起来并不合宜:夏日西晒酷热,冬日阳光不够充足使得室内阴冷、潮湿。在摸索中,祖先们逐渐找到了更适合居室的南北朝向。由太阳规律升落的东西方向到与之垂直的南北方向,只需90°的简单旋转,便既可满足居住条件,又可延承轴线形式,表达传统的太阳崇拜观念(图 2-78)。

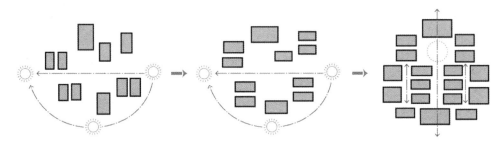

图 2-78 从太阳崇拜到南北轴线

(资料来源:改绘自陈铠楠《城市实体轴线显性特征与价值特征研究》。)

向往太阳和日照的要求使建筑有一致的方向,因此在布局上也易将相关建筑按其轴向串联起来,形成整体秩序布局和群体轴线。在深层内涵上反映了人类对太阳的尊崇思想。

4)对路线概念的借鉴

路线指通往目的地的空间路途,主要为交通提供服务,控制人的活动范围、方向,这样的路线组织会影响城市空间中建筑的布局安排。轴线具有线性的形态特征和明朗的几何秩序,在空间组合上带有构图概念,轴线构建的图形秩序表达了空间的等级分布,暗示着布局的目的性。因此,作为构图形式的"轴线",与带有交通功能性的"路线",同样作为线性图形而产生了契合。

具有路线内涵的轴线通过秩序化的交通流线引导人的活动,控制人的视觉流程,传达特殊的视觉效果,引发人的空间体验。轴线在空间组合上的意义更多的是受路线概念的影响,路线概念使轴线在布局空间、功能上更有实际的立足点。

以上一系列对于城市轴线产生动力的猜想尽管难以得到验证,但是它们都揭示出城市轴线雏形不是由单一的动力驱动产生的。与众多的艺术形式一样,轴线设计手法在历史中必然存在着从潜意识到有意识、从雏形到完善的过程。例如,在建城之初,人类祖先潜意识中对对称自然形态的美学欣赏,对有序、对称、明朗的规律和秩序的追求,导致人类有意识地采用对称形式建造房屋,由此建成的轴线作为一个雏形,成为人类从潜意识到有意识地形成轴线手法的过程中有意义的积累;又例如,人类在摸索中逐渐找到了更适合居室的南北朝向,并在建筑群体中留下了线性线索,由此,才有了后来的人类对这种传统的发展、完善、辨析与扬弃的过程。

2. 城市传统空间轴线组织方式历史考察

学术界普遍认为,东西方城市传统空间轴线组织方式是沿着各自历史进程发展而来的。在此,我们将分别概述城市空间轴线在中国和西方大致的发展过程。

1)中国古代城市轴线发展

中国把轴线作为城市最根本的基准标志的历史已非常久远。原始时期的城市,在祭坛和神庙这两种祭祀建筑中,人类创造出了沿轴线展开的建筑空间组合方式(图2-79);约5000年前的大地湾仰韶文化晚期遗址已有了极为中轴对称的建筑(图2-80);到了奴隶社会大发展时期的商朝,已经出现了不同程度的中轴线布局;在今河

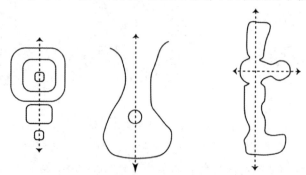

图2-79　中国原始社会宗教祭祀活动遗址

(资料来源:改绘自宋金萍《城市空间轴线的社会文化结构研究》。)

南偃师尸乡沟的商城遗址中(图 2-81),宫城位于内城纵向轴线的偏南部位,这一布局可称之为城市轴线雏形可考的最早实例,"并且开创了以后历代都城都建有多重城墙和'宫城居中'的先河";西周是我国历史上第一次建设高潮时期,关于中轴对称形式组织建筑群体的理论最早可追溯至此(图 2-82),《周礼·考工记》中记载的从王城形态到道路布局均围绕着中轴线。

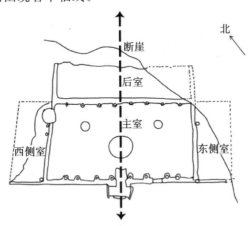

图 2-80　大地湾 901 号房址平面图

(资料来源:改绘自李自智《中国古代都城布局的中轴线问题》。)

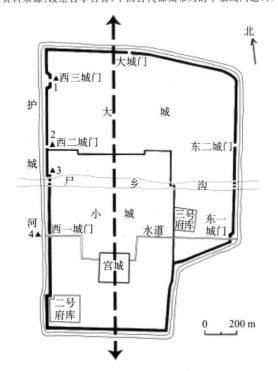

图 2-81　偃师商城遗址

(资料来源:改绘自李自智《中国古代都城布局的中轴线问题》。)

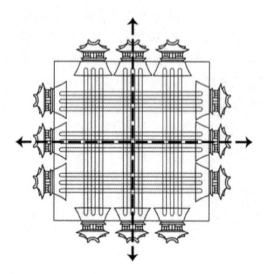

图 2-82　《三礼图》中的王城图

（资料来源:改绘自聂崇义《三礼图》。）

　　魏晋时期,我国城市的中轴线从早先的统领城市局部或建筑组群发展成为贯穿整个城市的主干,如曹魏邺城(图 2-83)、南朝建康(图 2-84)等,都具有严谨对称、纵贯全城的中轴线。而当原先的城市规模需要有所突破时,往往也是沿着中轴线有序拓展的,如北魏洛阳(图 2-85)。

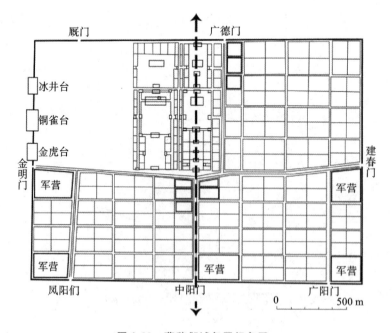

图 2-83　曹魏邺城复原想象图

（资料来源:改绘自董鉴泓《中国城市建设史》。）

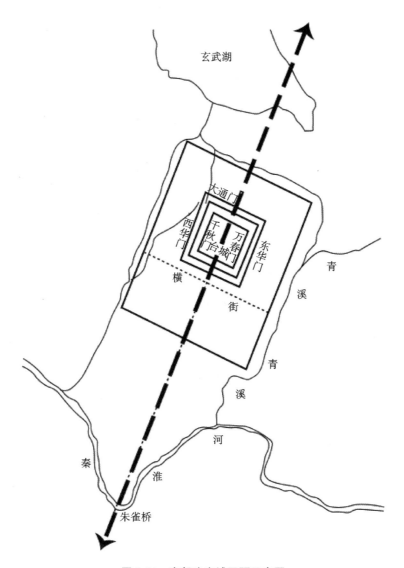

图 2-84　南朝建康城平面示意图

(资料来源:改绘自董鉴泓《中国城市建设史》。)

隋唐时期中国传统城市空间的轴线控制手法日益完善,建筑艺术与城市建设发展达到高潮。中轴对称的都城布局达到了极致,隋唐长安城方正规整、对称严谨的规划格局(图 2-86),不仅对国内各级地方州府的城市,也对日本、朝鲜等周边国家乃至整个东方世界的城市布局影响颇大、颇深。

五代十国、宋、元直至明、清,在城市建设的主体结构方面,仍然沿袭着魏晋以来以宫城为中心的中轴线格局。总的来说,元大都至明清北京城(图 2-87),将城市空间轴线演绎成中国传统城市规划史上的巅峰之作。

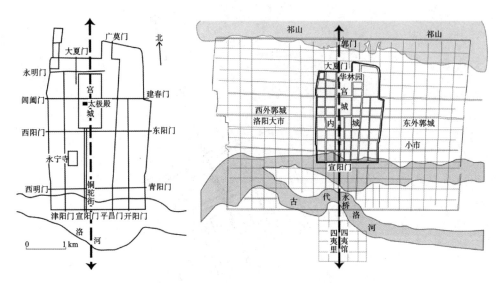

图 2-85　北魏洛阳以正对宫门的铜驼街为扩建外城的中轴线

（资料来源：改绘自董鉴泓《中国城市建设史》。）

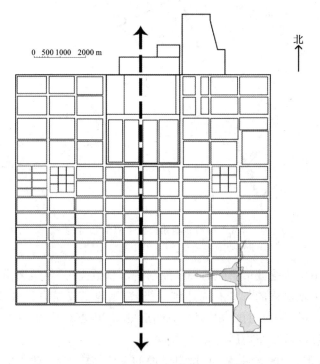

图 2-86　隋唐长安城方正的对称布局

（资料来源：改绘自董鉴泓《中国城市建设史》。）

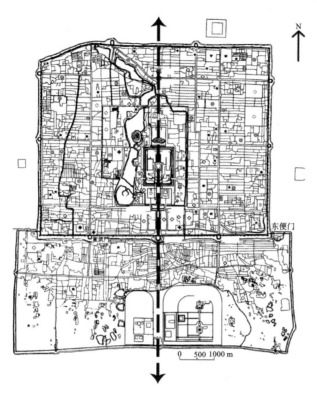

图 2-87　清代北京城的中轴线

(资料来源:改绘自董鉴泓《中国城市建设史》。)

2)西方古代城市轴线发展

　　西方早期的城市是为政治和宗教服务的,城市中的主体建筑多是神庙或宫殿。这时期古埃及的底比斯城(图 2-88)已经有了一条很长的中轴线,自西南向东北贯穿全城。而在早期规划的"死者之城"以及新王国时期规划的阿玛纳城均进行了出色的建筑群与城市景观设计。

　　古希腊时期,希波丹姆所做的米利都城重建规划(图 2-89),在西方首次系统地采用正交的街道系统,形成方格网,虽然这种规划结构形式在公元前 2000 多年前古埃及卡洪城、美索不达米亚的许多城市及印度古城摩亨约—达罗等城市中早已有所应用。自希波丹姆以后,他的规划形式便成为一种典范并在实践中有所发展,比如,从塞里纳斯城(图 2-90)显著的城市轴线,到普南城的道路与建筑之间有计划的配合。在这个时期,城市轴线的发展为以后的城市轴线设计打下了基础,积累了经验。

图 2-88　底比斯城

（资料来源：改绘自 L. 贝纳沃罗著、薛钟灵等译《世界城市史》。）

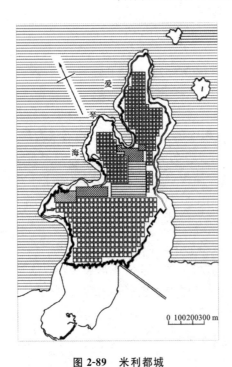

图 2-89　米利都城

（资料来源：改绘自 L. 贝纳沃罗著、薛钟灵等译
《世界城市史》。）

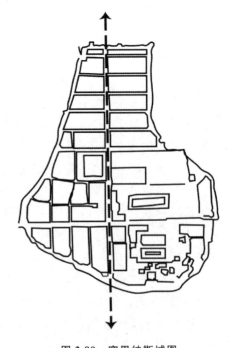

图 2-90　塞里纳斯城图

（资料来源：改绘自沈玉麟《外国城市建设史》。）

古典时期的罗马人把东方城堡的结构原则作为城堡的建造模式,于是形成了古罗马人城市设计的范本:正四方形平面,正南北走向,中心交叉路口正对四面的街道和城门。这就是古罗马营寨城(图 2-91),城市轴线在这个时期已初具雏形。随着罗马城市建设的发展,庞大而规则的纪念碑式的建筑一个挨着一个,相互之间用轴线联结,形成了罗马中心的建筑群。帝国时期的发展是在古城的重要建筑之间建立张拉力线,这些力线联结了古建筑、教堂、大门和公共广场等重要节点,由点成线形成了城市轴线。

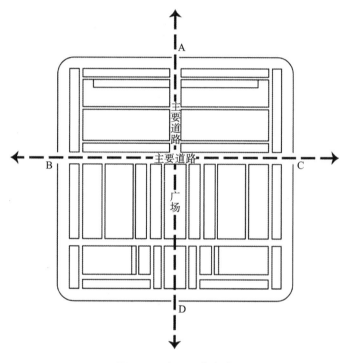

图 2-91 古罗马营寨城

(资料来源:改绘自沈玉麟《外国城市建设史》。)

文艺复兴时期的思想解放运动推动了城市设计思想的发展,人的主观能动性得到进一步发挥,并认为城市的发展和布局形态是可以用人的思想意图加以控制的。阿尔伯蒂继承了古罗马建筑师维特鲁威的思想理论,主张便利和美观的筑城思想,而中世纪崇尚的自然主义、宜人尺度的设计思想在文艺复兴时期被舍弃,城市规划思想中越来越重视科学性和规范化,轴线手法的运用越来越娴熟,最具有代表性的是米开朗琪罗于 1644 年对于罗马市政广场(图 2-92)的改造。巴洛克时期的城市设计强调城市空间的运动感和序列景观,轴线构图被广泛运用(图 2-93)。封丹纳所做的罗马改建是文艺复兴时期城市建设的重大事件,他规划开辟了 3 条笔直的道路通向波波罗城门,道路的中轴线在城门里的椭圆形广场上相交。在交叉点上安置了一个方尖碑,作为 3 条放射式道路的对景(图 2-94)。

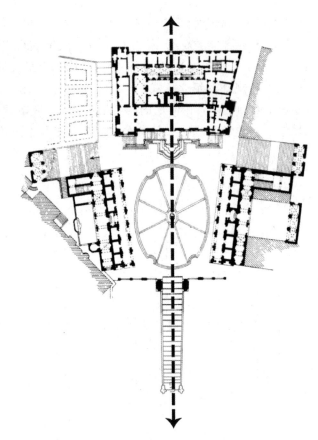

图 2-92　文艺复兴时期罗马市政广场

（资料来源：改绘自沈玉麟《外国城市建设史》。）

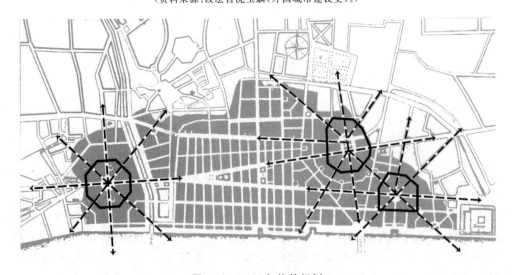

图 2-93　1666 年伦敦规划

（资料来源：改绘自沈玉麟《外国城市建设史》。）

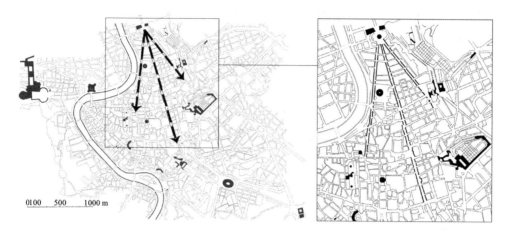

图 2-94　文艺复兴时期罗马改建

（资料来源：改绘自 L. 贝纳沃罗著、薛钟灵等译《世界城市史》。）

　　绝对君权时期，最伟大的建设是对着卢浮宫建立的一条宽而深远的视线中轴，其延长了杜乐丽花园轴线，向西延伸，1724 年轴线到达戴高乐广场（原名星形广场），这条轴线后来成为巴黎的中枢主轴（图 2-95）。

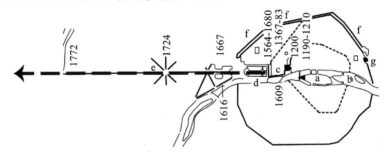

图 2-95　绝对君权时期巴黎改建对着卢浮宫的视线中轴

（资料来源：改绘自沈玉麟《外国城市建设史》。）

3）中西方城市轴线发展对比

　　中西方都城传统空间组织方式虽然都采用了中轴驾驭空间结构的方式，但其轴线的方位走向、形成过程、实际效果仍然有着各自不同的特色。

　　通过对中国与西方古代城市轴线的全面分析，我们发现，中国的文化总体来说历经几千年的传承与发展，没有发生根本的变化，体现"礼"制思想与皇权绝对至上的中轴线格局几千年来得到了继承与发扬，到封建社会的末期达到了极致。中国轴线肃穆端庄的形象以及对宫城建筑在轴线中的地位的强调，充分反映了中国传统文化。

　　而西方文明是由不同时期、不同地域的文明中心共同发展的，各种文明互相影响、补充并向前发展，这造就了西方文明多元的特点。城市是这种文明的集中体现，而不是某一种思想的统一。轴线系统的发展，在不同时期、不同地域体现了不同的文化,其中,绝对君权时期与中国封建皇权时期类似,但与东方文化迥然有异的延续至今的市民文化造就了西方轴线没有绝对主体的空间格局。

2.4.3　城市轴线的基本类型

1. 按轴线数量区分

按数量区分,城市中轴线有单轴、双轴和多轴三种。单轴由单一轴线串联空间与建筑的组合,形成明显的线性中轴线空间;双轴由两条轴线组合而成,通常为一主轴一次轴;多轴则由多条轴线组合而成,组合方式较为多变。传统北京城市中轴线属于单轴(图 2-96),而华盛顿城市中轴线属于双轴(图 2-97)。

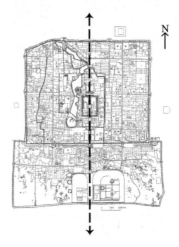

图 2-96　北京单一城市中轴线

(资料来源:改绘自董鉴泓《中国城市建设史》。)

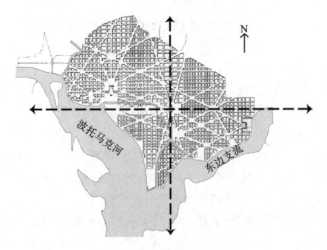

图 2-97　华盛顿双轴城市轴线

(资料来源:改绘自罗杰·特兰西克、朱子瑜等译《寻找失落空间:城市设计的理论》。)

2. 按具体形态区分

按具体形态区分,城市中轴线可以分为直线形、折线形、曲线形三种(表2-9)。

直线形中轴线是直线形态的中轴线,这样的中轴线形态对城市的统领作用很强。中国古代城市所具有的中轴线特点非常鲜明,即完的直线形中轴线,而且是往正南北或正东西方向延伸,从形成原因看这与中国的尊卑哲学不无相关。

西方的城市中轴线有所不同,可以有转折,其朝向的要求也不严格,因此西方的城市中轴线往往不严格要求为直线形式,例如巴黎的城市中轴线就并非完全的直线,从形成原因看这与西方没有东方如此强权的封建制度有关。

曲线形的中轴线往往是带形城市的发展轴线,是交通走廊或者功能轴线,也有一些由历史形成而来的中轴线是这种形式,例如按照宗教行进仪式的中轴线或者山地城市所具有的中轴线,日本为其中一例。

表 2-9　轴线的三种形态

类　型	直　线　形	转　折　形	曲　线　形
图示			

资料来源:胡峰《城市中轴线及其规划研究——基于卢安达新城中轴线的规划设计》。

3. 按空间类型区分

按空间类型区分,城市中轴线包括实体中轴线和空间中轴线两种(表2-10)。

表 2-10　实体中轴线与空间中轴线比较

类　型	实体中轴线	空间中轴线
存在形式	客观存在	相较于实轴,没有很凸显的视觉感官,更为含蓄和抽象
表现形式	与物质形态结合,建筑坐落于轴线上	开放空间作为枢纽,建筑分布两侧
属性	功能性	文化性
延伸方向	有确定的延伸方向	无固定延伸方向,或多向放射延伸
层次	在不同尺度层次上存在等级秩序	多条轴线之间无明显等级差异

资料来源:胡峰《城市中轴线及其规划研究——基于卢安达新城中轴线的规划设计》。

中轴线是客观存在的,在中轴线上布置建筑物并给人以强烈的空间形象,构成城市肌理,并且可以依据它得出建造建筑群体或城市发展意义的中轴线称之为实体中轴线,通常也称之为实轴,城市实体中轴线带有强烈的功能性(图2-98)。把中轴空出来淡化处理的称之为空间中轴线,通常也称为虚轴。空间中轴线存在于规划设计者进行创作的构思中,由于规划要纵观全局,因而在规划者心中有形或无形地存在一种轴向的意念,城市空间中轴线带有明显的文化含义(图2-99)。

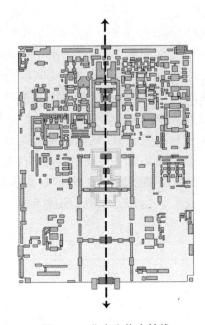

图 2-98　北京实体中轴线

（资料来源：改绘自北京故宫地图。）

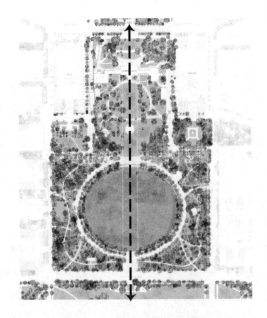

图 2-99　白宫南草坪空间中轴线

（资料来源：改绘自微信公众号"好库网"文章《设计是计之第 02 计：轴线——最极致的"降维打击"》。）

城市的轴向扩张与城市中轴线的空间形成有密切的关系,无论从实体角度还是从空间角度,城市的管理者和设计者都应当理解城市中轴线与城市发展的内在联系。狭义的城市中轴线往往与城市的物质形态相结合,而西方大多数城市轴线采用的是以开放空间作为枢纽并联轴线两旁建筑的组织方式。由于历史文化背景的显著差异,中国城市传统轴线具有自身的特点,很多古代的城市所采用的是建筑坐落在轴线中央的实体中轴线而非西方那样的空间中轴线。

4. 按等级范围区分

按等级范围区分,城市中轴线可以分为整体轴线和局部轴线两种。

城市整体轴线(城市主轴)贯穿城市的大部分地域,连接城市中主要的公共活动节点和景观节点,通常是城市的发展轴线或城市尺度下的景观轴线,由一条或一条以上的交通走廊来确保轴线的可达性。如中国明清两代的北京城市中轴线、巴黎以东西向贯穿新旧城区的城市中轴线(图 2-100)、威廉佩恩所规划的美国费城中心区的十字形主轴线(图 2-101)、日本古城奈良的城市中轴线、印度古城斋普尔和波斯古城伊斯法罕的城市中轴线等。

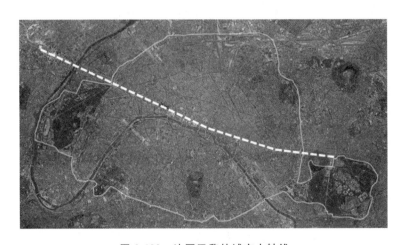

图 2-100　法国巴黎的城市中轴线

(资料来源:根据 Google Earth 卫星图绘制。)

城市局部轴线(城市次轴)只贯穿城市局部地段,往往是具有特定功能的轴线。例如,市政中心的纪念轴线,集中了市政建筑(政府机构)、公共建筑(如博物馆、美术馆和大剧院),以及与城市特定的历史背景有关的纪念建筑(如华盛顿的林肯纪念馆和巴黎的凯旋门等),是举行重大庆典活动的场所;或是局部以自然的绿地、河流、水体等形成的城市景观轴线、文化轴线等。具有典型代表性的案例有罗马帝国时期的广场群和哈德良别墅建筑群、东京浅草寺入口空间(图 2-102)、巴黎近郊的沃勒维孔特宫和凡尔赛宫(图 2-103)序列中体现出来的轴线。

图 2-101　美国费城城市中轴线

（资料来源：根据 Google Earth 卫星图绘制。）

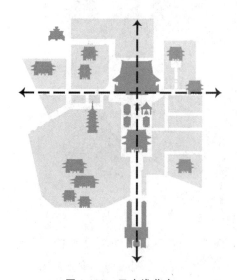

图 2-102　日本浅草寺

（资料来源：改绘自浅草寺地图。）

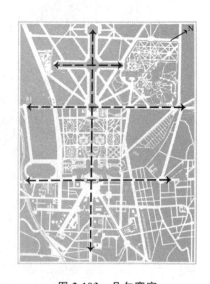

图 2-103　凡尔赛宫

（资料来源：改绘自凡尔赛宫规划图。）

5. 按形成时间区分

城市中轴线的形成和城市的规划有着必然关系，并有其历史沿革性，甚至和这个城市的地形地貌有关系。按形成时间区分，城市中轴线可以分为整体设计的中轴线（新规划城市中轴线）和逐渐完善的中轴线（历史形成城市中轴线）两种。

　　整体设计的中轴线一般在较短的时间内形成,是根据城市管理者和设计者的蓝图建设而成的,自一开始就计划好了未来的形象;逐渐完善的中轴线往往在形成的初期没有完整的计划,或者仅仅计划了现有中轴线的一部分,最终经过多届政府或者设计者的努力才得以形成。比如北京中轴线就经历了数百年的发展才得以形成,巴黎等城市的中轴线也属于逐步发展而成的。

6. 按功能作用区分

　　按轴线在城市中的功能作用区分,城市中轴线可以分为发展中轴线、景观中轴线和功能中轴线三种。发展中轴线对城市的结构拓展方向和功能转移方向起控制作用,大多具有较明显的交通走廊性质,还有沿海岸线发展、沿江发展等中轴线也属于发展中轴线的范畴;景观中轴线则对城市的景观体系起着支配作用,是联结城市主要景观节点的走廊;功能中轴线的线性地段内集中了类似或相关联的特殊城市功能,如行政功能的线性集中形成行政纪念轴线,宗教活动的线性集中形成宗教文化活动轴线等。大多数情况下的城市中轴线往往兼有两种及两种以上功能作用,但以其中一种轴线性质较为突出。例如在许多情况下,发展中轴线也兼有功能中轴线、景观中轴线的特征。

7. 按性质区分

　　按轴线的具体性质区分,城市中轴线可以分为政治中轴线、经济中轴线、交通中轴线、绿化中轴线四种。

　　具有政治中轴线的城市一般为国家的首都。由于各种原因,一个国家需要建设一座美丽的首都以增强民族凝聚力。拥有政治中轴线的城市有伦敦、巴黎(图2-104)等。

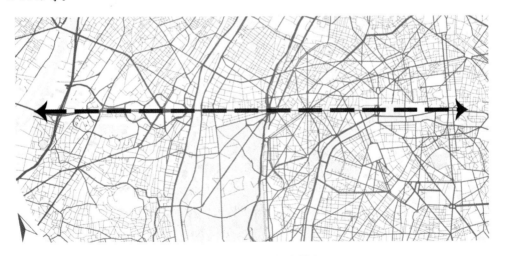

图 2-104　巴黎城市中轴线

(资料来源:根据 Google Earth 卫星图绘制。)

经济中轴线如成都的人民南路轴线(图 2-105),人民南路及其沿线能成为成都市的经济中轴线不是偶然的,而是诸多因素共同作用的结果。交通便捷、配套成熟使其具有成都市其他区域不可比拟的优势。成都经济中轴线还有着极强的辐射作用,如带动了浆洗街小型商务办公区、磨子桥附近电脑一条街、科华北路、锦绣路、领事馆路餐饮一条街等"1 km"区域内各个具有鲜明特色的"小经济圈"的发展。

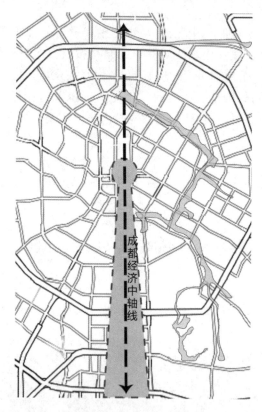

图 2-105　成都经济中轴线

(资料来源:改绘自胡峰《城市中轴线及其规划研究——基于卢安达新城中轴线的规划设计》。)

交通中轴线是指为作为交通走廊的城市中轴线,这类中轴线的交通走廊功能在中轴线的功能中起绝对主导地位。例如深圳的城市中轴线——深南大道,其作为一条交通中轴线,连接着各大城市组团,交通性非常明显。

绿化中轴线是城市绿化空间和生态保护的线性集中地段,通常能够体现主要的景观特色和空间意象。如横滨(图 2-106),在从关内绿洲的漪田公园到横滨公园、日本大街、山下公园总长共 2.5 km 的地区建设了一条绿化中轴线。绿化中轴线和景观中轴线的区别在于其主题是绿化,而景观中轴线的构成往往不局限于绿化景观,还有建筑景观、硬地景观等。

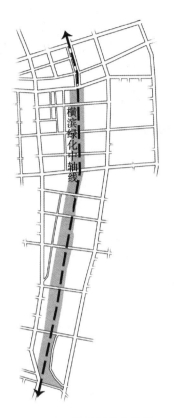

图 2-106　横滨绿化中轴线

(资料来源:改绘自胡峰《城市中轴线及其规划研究——基于卢安达新城中轴线的规划设计》。)

2.4.4　城市轴线的空间结构

1.城市轴线的空间体系

城市轴线的空间体系可以分为带状空间格局、双主轴格局、枝状空间格局和轴网空间格局四种基本格局(表 2-11)。

表 2-11　城市轴线的四种空间格局

类　型	带状空间格局	双主轴格局	枝状空间格局	轴网空间格局
图示	●——●——●	┼	┼—┼—┼	(轴网图示)

资料来源:改绘自唐子来、张辉、王世福《广州市新城市轴线:规划概念和设计准则》。

1)带状空间格局

带状空间格局是指只有一条城市轴线或城市轴线之间互不相交,且沿单一方向发展,不同性质或不同时期的轴线首尾相连,以串联的方式生长延伸。上海的城市景观轴线(虹桥南京路—陆家嘴—世纪大道)可算一例。

2)双主轴格局

双主轴格局是指城市有两条主轴,而且两主轴通常垂直相交,两主轴相交点通常为城市的政治中心,北京、巴西利亚的轴线空间体系属于这一模式。

双主轴模式的轴线体系,如果两主轴相交于各自中点,城市中心被过分强调,那么城市发展的模式其实类似于由中心生长点形成的圈层式结构模式,轴向生长性不强,城市轴线作为发展轴的功能被削弱。这可以解释为何北京虽然有明显轴线,但城市却以"摊大饼"式的模式发展。轴网模式有类似的问题,但如果轴网中仍存在一条占绝对地位的主轴,那么城市的发展仍然可以体现其轴向性。巴黎拉德芳斯新区与老城的关系可以印证这一点。

3)枝状空间格局

城市具有明确的主次轴线,主轴线往往既是发展轴线又是景观轴线,具有各种特定功能的次轴线与主轴线相交,从而形成枝状空间格局。深圳和广州的轴线体系属于此类。

枝状模式的轴线体系,充分利用轴向发展的开放结构,充分依靠生长带(即发展轴地段)而不是单一的生长点来完成城市的生长,这一特点对快速发展中的城市是相当有利的。其缺点是:当城市主要发展轴与城市主要景观轴分离时,景观轴(如广州近代轴线、深圳中心区轴线)的生长受到局限,在城市空间继续拓展时,有可能要另起炉灶,派生出新的平行景观轴线(如广州天河新轴线),而不是像巴黎香榭丽舍大道延伸至拉德芳斯那样,景观轴与发展轴同时得到拓展和强化。

4)轴网空间格局

城市的各种节点呈散点分布,它们之间的放射道路共同构成城市轴线体系,不同轴线之间相互交错连接,形成轴网空间格局。轴网模式的城市轴线空间体系,通常有一条最重要的城市主轴统领全局。巴黎、华盛顿的轴线空间体系可以归为此类。

2. 城市轴线的整体结构模式

1)功能分布模式

城市轴线的功能分布包括串联模式和平行模式两种,串联模式指不同功能分布在轴线的各个区段,平行模式指不同功能分布在轴线的两侧。实例研究表明,城市轴线的功能分布以串联模式为主,以突出城市轴线的序列性和对称性。

2)交通组织模式

交通组织模式,一种类型是活动空间位于交通轴线(走廊)两侧,需要建立两侧活动空间之间的联系路径;另一种类型是活动空间位于两条交通走廊之间,两条轴线地带的中央往往是公共开放空间(如广场和林荫绿带),易于形成人车分流的交通组织。

3)空间序列模式

园林设计中,人们沿着观赏路线和园路行进时,或接触园内某一体型环境空间时,客观上是存在空间程序的。若想获得某种功能或景观艺术效果,必须使视觉心理、行进速度和停留空间,按节奏、功能、艺术的规律去排列,简称空间序列。在城市中,城市轴线的节点和区段之间的交替变化构成城市轴线的空间序列,轴线的节点作为两个区段之间的标识物和对景物,既是为了界定更是为了串联空间区段,从而使轴线整体具有空间的序列感。

例如北京紫禁城中轴线的空间序列构成,采用从窄到宽、从小到大、从低到高、从简到繁、穿插层次过渡、对比重复等手段,从沉重压抑的导引,逐步转变为宏伟辉煌、气势磅礴的高潮,又略加收敛转向收束。总体贯穿着渐变的韵律,通过视觉连续性的变换,达到充分抒发意境的目的,让人思想感情上的感受逐步加深。

2.4.5　城市轴线的相关案例

对城市中轴线的起源、定义、类别和发展过程的系统研究,有助于我们从宏观角度理解城市中轴线,对于城市中轴线为何物获得总体上的认识,从而对创造和设计中轴线具有现实意义。

1.北京城市中轴线

古代北京城市建设中最突出的成就,是北京以宫城为中心的向心式格局和自永定门到钟鼓楼长约 7.8 km 的城市中轴线,这是世界城市建设历史上最杰出的城市设计范例之一。传统的北京中轴线,仅仅只是一条粗壮的南北轴线,无其他轴线,后经历元朝、明朝、清朝三个朝代六百多年的发展演变,最终形成了南起永定门、北至钟鼓楼,长约 7.8 km 的空间规模(图 2-107)。

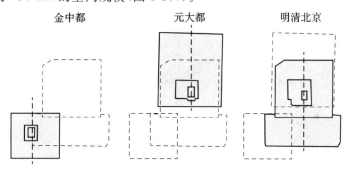

图 2-107　北京金中都到元、明、清演变

(资料来源:改绘自宋金萍《城市空间轴线的社会文化结构研究》。)

新中国成立,由于城墙和永定门等城门被拆除,北京前门以南和景山以北的轴线逐渐模糊,但故宫前的中段轴线由于天安门广场、人民英雄纪念碑和毛主席纪念堂的建设而得到加强,并使原先封闭的轴线具有了开敞的空间特点。与此同时,东西向的长安街逐渐成为北京城又一主要轴线,首都重要机关和建筑沿此轴线布置,阅兵式等重要政治仪式亦沿长安街行进。

进入新世纪,北京成功申奥后奥林匹克公园的建设,以及永定门复建工程又一次强化了北京原有的南北轴线。现在的中轴线范围包括清朝前北京旧城内长约7.8 km、宽约1 km的城市中轴线,加上延伸到天坛和先农坛的中轴线和向北延伸的奥林匹克中心,约15.2 km。1990年亚运会的举办与2001年北京取得奥运会举办权让北京中轴线得以延伸。

北京城市中轴线空间的生长分两个阶段:第一阶段是"毗邻式"发展,以东西长安街贯通为标志的北京东西向城市中轴线的发展,这一方向的发展除了对天安门原有广场产生影响,并未对北京传统的南北向城市中轴线空间产生实质的影响;第二阶段是"跳跃式"发展,是指中轴线空间的发展不再紧邻原有传统中轴线空间,转而选择距离较远的区位,但仍传承原有中轴线的文化与精神,同时为其加入新的元素(图2-108)。

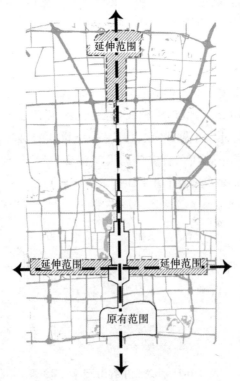

图2-108 北京城市中轴线空间发展范围

资料来源:改绘自袁琳溪《20世纪以来北京与华盛顿城市中轴线空间发展比较研究》。

2. 广州新城市轴线

广州的城市空间发展以轴线为主,一共出现过三次城市中轴线。

从秦朝的番禺城开始,广州古城由北向南扩展,历经各个朝代,北京路始终是广州古城的发展轴线(图 2-109)。民国开始,城市重心西移,起义路成为广州近代轴线(图 2-110)。北起越秀山的中山纪念碑,从起义路至海珠广场,其间有中山纪念堂、市政府大楼、人民公园和广州解放纪念碑等纪念性建筑物和公共开放空间,形成广州城市的纪念轴线,集中体现了广州作为南方革命策源地的城市近代发展史。20 世纪 80 年代以来,广州进入快速发展阶段,城市向东和向北扩展,并在天河新区形成一个更为强大的新城市轴线。这条轴线起自燕岭公园,南至珠江南岸的赤岗,其中包括广州铁路东站、中信广场、天河体育中心、广州塔及珠海湖等。目前,新中轴线引领着广州的主要发展地带,从空间上看,继承并延续了曾经的两条传统城市轴线(图 2-111)。

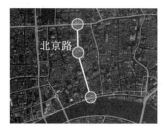

图 2-109　广州传统中轴线
(资料来源:描绘自何琪萧、谭少华《浅谈城市中轴线的运用与发展——以广州市城市中轴线为例》。)

图 2-110　广州近代中轴线
(资料来源:描绘自何琪萧、谭少华《浅谈城市中轴线的运用与发展——以广州市城市中轴线为例》。)

图 2-111　广州新城市中轴线
(资料来源:描绘自何琪萧、谭少华《浅谈城市中轴线的运用与发展——以广州市城市中轴线为例》。)

从白云山南麓的燕岭公园往南跨珠江到广州塔的广州城市新中轴线,初步成型前经历过三个版本的城市总体规划及其相应分区规划和详细规划,规划建设过程历时近 30 年(图 2-112)。

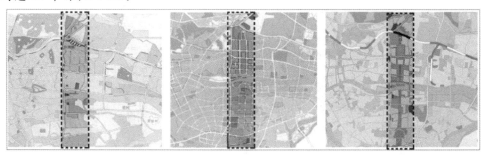

图 2-112　城市新中轴线在广州城市总体规划 14、15、16 方案中的位置
(资料来源:林树森《广州城市新中轴线》。)

广州新城市中轴线具有三个不同的空间结构和功能:首先,作为城市功能轴线,在珠江北岸部分形成一系列城市中心的功能节点,如金融及办公中心、商业贸易中心和文化娱乐中心,体现了城市的中心功能;其次,作为城市景观轴线,汇集了一系列标志性建筑物,形成南北向的城市景观主轴线,体现了以自然景观和人文景观为主导的城市旅游功能;最后,作为城市发展轴线,交通走廊贯穿珠江南北的城市主干道,城市发展地带位于其两侧,新城市中轴线两侧的交通走廊则是广州城市的次干道(图 2-113、图 2-114)。

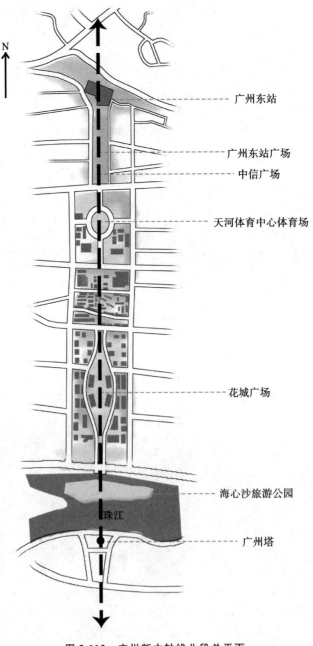

广州东站

广州东站广场

中信广场

天河体育中心体育场

花城广场

海心沙旅游公园

珠江

广州塔

图 2-113 广州新中轴线北段总平面

(资料来源:改绘自林树森《广州城市新中轴线》。)

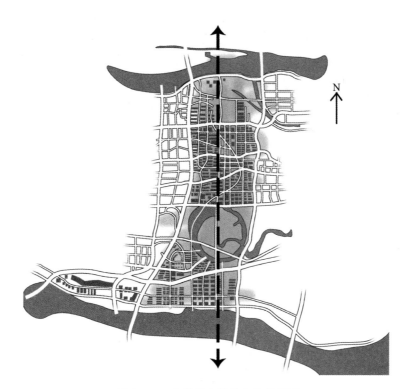

图 2-114 广州新中轴线南段总平面

(资料来源:改绘自"广州新城市中轴线南端及珠江后航道沿岸地区城市设计"。)

3.巴黎城市轴线

巴黎是围绕塞纳河逐渐扩大形成的。公元888年,法兰西王国成立,以巴黎为首都。17世纪下半叶路易十四统治时期,巴黎经历了大发展,以卢浮宫为主的中心建筑群和香榭丽舍大道构成的主轴线初步形成。到19世纪中叶拿破仑三世执政时,由奥斯曼主持对巴黎进行了较大的改建。除完成城市纵横两条轴线和两条环路的建设外,出于整顿市容、开发市区和便于开展军事行动以镇压人民起义等目的,在市区密集的街巷中开辟了许多宽阔的放射形道路,并在道路交叉口建设了许多广场,道路与塞纳河交叉处则形成很多桥头广场和绿地,许多新的轴线形成,这基本奠定了巴黎市区的骨架基础(图2-115、图2-116)。

奥斯曼主持的巴黎城市轴线体系开敞丰富,其主要特点如下。

①城市主轴线与塞纳河平行,充分利用宽阔的水面和绿地,使城市空间开朗、明快。而在封建时代北京城的皇家园林和水面对公众是封闭的。

②除主轴线外,还有许多副轴线,这些副轴线通向市内许多广场和建筑群,形成了许多对景和借景。

③轴线上串联着很多名胜古迹、花园、广场、林荫道,它们各具特色,丰富多彩。

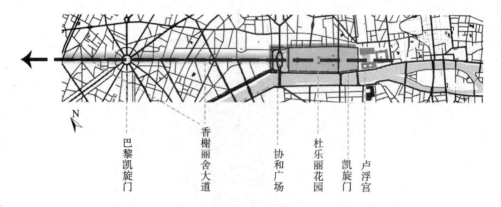

图 2-115　巴黎城市主轴线

（资料来源：改绘自成亮《浅析城市轴线在城市规划中的运用》。）

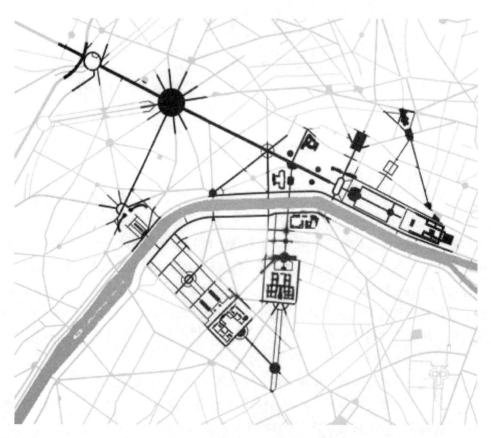

图 2-116　横跨塞纳河两岸的轴线

（资料来源：埃德蒙·N·培根著，黄富厢、朱琪译《城市设计》。）

4. 华盛顿城市轴线

华盛顿特区是美国首都,也是世界名城,1791 年由当时服役于美国军队的法国军官工程师朗方规划设计。朗方制定的城市结构是在方格路网的基础上确定主要的节点,并开辟连接这些节点的对角放射大街。国会大厦、白宫、华盛顿纪念碑、林肯纪念堂、杰斐逊纪念堂是最主要的节点,连接国会大厦、白宫、华盛顿纪念碑形成的三角形地区被称为"联邦三角区",是华盛顿乃至整个美国最具有纪念意义的地区。由国会大厦向西的轴线延伸至林肯纪念馆,长约 3.5 km,由白宫向南的较短轴线延伸至杰斐逊纪念堂,两轴线相交于华盛顿纪念碑(图 2-117)。

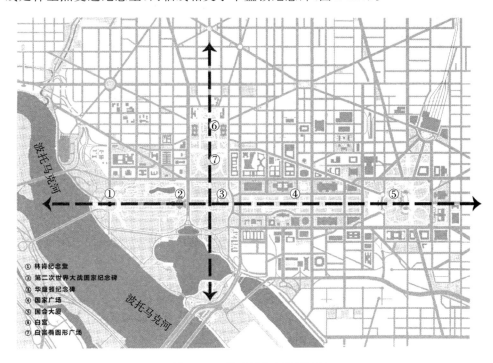

图 2-117 华盛顿中心区平面图

(资料来源:改绘自美国华盛顿城市地图。)

华盛顿特区轴线系统体现了美国在战胜英国殖民统治后,建成民主、自由、独立的新兴资产阶级国家这一国体,以及立法、司法、行政三权分立的政体,表明了华盛顿作为政治城市的性质。华盛顿城市中轴线在空间发展上主要受西侧的波托马克河限制,在 1871 年对波托马克河东岸进行过填河活动,为后来建造的林肯纪念堂和杰斐逊纪念堂开辟场地。所以华盛顿城市中轴线空间在 20 世纪以后主要向西侧和南侧延伸,从原来的由国会大厦、白宫和华盛顿纪念碑组成的三角形布局结构,变成了由"国会大厦—华盛顿纪念碑—林肯纪念堂"一线与"白宫—华盛顿纪念碑—杰斐逊纪念堂"一线垂直交叉的拉丁十字布局结构,延伸部分基本延续了原有空间布局的特色(图 2-118)。

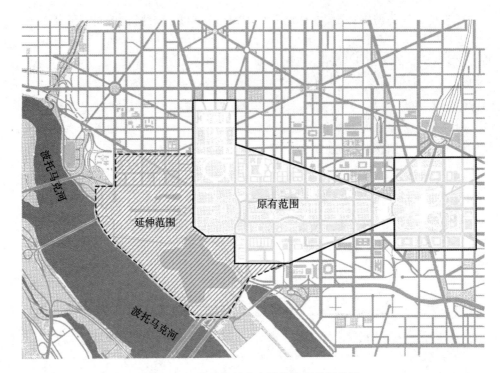

图 2-118　华盛顿城市中轴线空间发展范围

(资料来源:改绘自袁琳溪《20 世纪以来北京与华盛顿城市中轴线空间发展比较研究》。)

5. 轴线对比

各案例轴线形成年代不一(图 2-119)。广州中轴线:广州古代轴线从公元前 214 年秦任嚣城开始修筑至今,已有 2236 年的历史;广州近代轴线以及广州新轴线从 1918 年广州拆除城墙并修建中央公园(今人民公园)算起,至今 104 年。北京中轴线:北京城是明初(1421 年)在元大都的遗址上兴建的,于是其中轴线基本继承了元大都的轴线,因此轴线的历史可以上溯到元朝初年,至元元年(1264 年)元世祖决定兴建新中都城,至元四年(1267 年)兴建城垣,至元九年(1272 年)改称为大都。从 1267 年算起,北京中轴线迄今已有 755 年的历史。巴黎卢浮宫—香榭丽舍大道轴线:1190 年菲利普二世修建巴黎城墙的同时,选中卢浮宫现在的地方修建了一座要塞,即最初的卢浮宫,从那时起,卢浮宫—香榭丽舍大道轴线逐渐形成,至今已有 832 年的历史。华盛顿轴线系统:1791 年由当时服役于美国军队的法国军官工程师朗方规划,至今有 231 年的历史。

就轴线在城市中的功能作用而言,城市轴线可分为发展轴、功能轴和景观轴三种类型,表 2-12 对各城市轴线性质进行了比较。

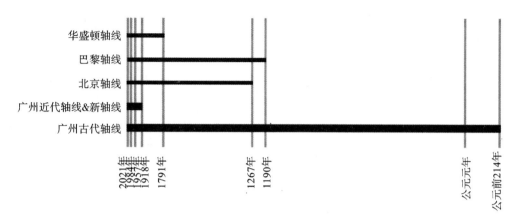

图 2-119　城市轴线的形成年代比较

（资料来源：改绘自何嘉宁《广州传统轴线空间形态及城市设计研究》。）

表 2-12　轴线性质比较

城　市	轴　　　线	轴线等级		首要轴线功能	发展轴	功能轴	景观轴
		整体轴线	局部轴线				
北京	故宫段城市轴线	√		功能轴 （行政、商贸）		√	√
广州	北京路古代轴线		√	功能轴 （商业）		√	√
	广州近代轴线		√	景观轴 （纪念性）			√
	广州新城市中轴线	√		发展轴	√	√	√
巴黎	香榭丽舍大道轴线	√		景观轴 （纪念性）	√		√
华盛顿	国会大厦—林肯 纪念堂轴线	√		景观轴 （纪念性）		√	√

资料来源：改绘自何嘉宁《广州传统轴线空间形态及城市设计研究》。

　　大部分的轴线都有很强的政治纪念性，其文化内涵也多围绕政治这一主题（表
2-13）。广州的传统轴线政治性相对较弱，而且文化内涵也不局限于此，还包括海上
丝绸之路的千年商港文化以及东西方宗教汇聚、文化融合的相关内容。因此在城市
设计过程中，针对广州传统轴线的文化主题，不必要也不能够照搬其他轴线的做法，
更应该突出其自身的个性和特色。

表 2-13　城市轴线的政治、文化内涵比较

城　　市	轴　　线	政　治　地　位	文　化　内　涵
北京	北京故宫段轴线	中国封建王朝的国家政治中心，天安门广场也是新中国的国家形象代表	中国古人观念中的宇宙中心、中华民族国家的象征、中华传统文化的国家代表
广州	北京路古代轴线	古代州政府或地方割据王国政治中心轴线	两千多年来的岭南文化积淀，岭南的政治文化中心、当代商业文化中心
	广州近代轴线和广州新城市中轴线	中国近现代民主革命策源地纪念轴线	近现代革命事迹的体现（中山纪念堂、广州起义旧址等）与岭南商业文化的体现（高第街、广交会旧址等）
巴黎	香榭丽舍大道轴线	法国民主革命的历史见证者，君权的展示	至今世界最壮丽雄伟的市中心轴线之一，法国国家的代表
华盛顿	国会大厦—林肯纪念堂轴线	美国的首都、国家政治中心	体现资产阶级民主国家三权分立的政治理念

资料来源：改绘自何嘉宁《广州传统轴线空间形态及城市设计研究》。

第 3 章　城市形态设计要素

3.1　路　　网

3.1.1　路网的概念

城市道路网由城镇管辖范围内各种不同功能的干道和区域性道路所组成,是城市网络物化的重要形态之一,是城市生长的骨架,支撑着城市内部各种功能空间的分布,同时也反映着城市与外界区域的联系及城市空间整体的开放程度。

特定的路网结构是自然历史条件、城市区位特点、经济发展模式、城市功能布局、城市交通模式等诸多因素共同作用的结果。自然地理条件是城市用地分布、路网形态和交通模式选择的基础和约束条件,城市交通区位决定了城市对外交通的模式、衔接条件,以及所需面对的过境交通压力,城市道路网结构主要取决于城市功能设施、空间布局与结构的层次,城市功能布局对道路网络的形态及其效益有着不可忽视的影响。

3.1.2　路网形态的特征

作为城市形态的重要设计要素之一,城市的路网不仅是城市形态的设计要素,也是城市形态演变的动力,因此研究路网形态的发展演变是至关重要的。

1. 里坊和街坊的形式

城市路网形态有很多描述形式,但多是形而上学的,如"方格网""环形放射性""树状",甚至斯蒂芬·马歇尔在《街道与形态》一书里专门对路网形态进行细分,如有无闭合、有无分支、直线、曲线等,并进行量化分析。而张斌等在《里坊城市·街坊城市·绿色城市》一书中将路网形态概括为"里坊"和"街坊"两类,这种分类更为清晰、丰富,对理解路网与城市的关系更有帮助。

1)里坊的基本形式

"里"是古代城镇中有围墙的住宅区,战国时期已经发展成为成熟的制度。《周礼·地官司徒第二·大司徒》中记载,五家为比,五比为间("间"即为"里"),北魏时称为"坊"。唐朝是里坊制度发展的极盛时期,唐长安城(图 2-85)东西向 14 条大街,南北向 11 条大街,将全城分为 108 坊,面积共 84 km²,城墙周长 36.7 km。中心大街名朱雀大街,宽 155 m,其东西各有 5 条大街,宽度 25~108 m,一个小的里坊规模约为 500 m×500 m。

2)街坊的基本形式

街坊是指城市中由街道包围、面积比居住小区小、供生活居住使用的地段。以街坊作为居住区规划的结构形式由来已久,在古代希腊、罗马和中国的城市中都曾存在过。西方城市应该更符合"城市是农业和手工业分离的产物",即先有"市"后有"城"。而古希腊的米利都城被认为是一座真正意义的街坊城市。公元前 440 年(我国春秋时期),古希腊最早的哲学派别——"米利都学派"的一位哲学家希波丹姆认为,城市的发展应该是理性的,类似于原子结合形式的。由于居民以商人为主,为了向商人提供更多的店面,四面的建筑向外临街开店、内设庭院、前店后宅,从而形成了经典的街坊模式。罗马人继承了古希腊文化,因此罗马的新城建设基本上按着希波丹姆的模式进行。

2. 我国传统城市街道形态特征概略

我国的城市建设以"城"为中心,以保障安全、符合礼制为基础,但随着城市经济的发展,"市"的重要性逐渐体现出来,坊墙、坊门的设置造成的出行障碍越来越严重,特别是像唐长安那样集中设置东西市,造成了出行距离过远。因此,到宋朝以后,坊墙消失,出现了"前店后宅"的沿街商业,并且开始向街坊尺度发展,如元大都—明清北京城胡同的尺度约在 80 m×400 m(图 3-1),福州三坊七巷(图 3-2)的尺度在 100 m×400 m 左右,但居住区仍以高墙大院、封闭式的"里坊"为主要形式。

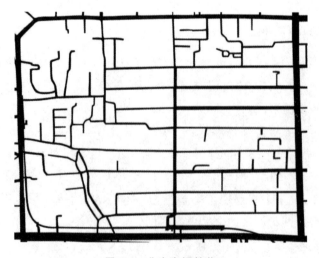

图 3-1　北京南锣鼓巷

(资料来源:改绘自王学勇、周岩、邵勇等《当前城市路网形态规划的思考:从里坊城市向街坊城市迈进》。)

图 3-2　福州三坊七巷

(资料来源:改绘自王学勇、周岩、邵勇等《当前城市路网形态规划的思考:从里坊城市向街坊城市迈进》。)

3. 西方城市街道形态特征概略

西方中世纪教皇统治时期的路网是没有几何特征的,多是自由发展选择的最短路径,不规则的道路网辨识性很差,不利于商业发展,因此罗马等城市为发展朝拜经济,通过在教堂、圣殿、纪念碑等宗教仪式类建筑之间增加道路的形式形成轴线,从而形成轴线加斜格网模式。

文艺复兴时期,欧洲重新学习"米利都"的街道模式,如阿姆斯特丹、里斯本(重建)、爱丁堡新城等城市。这些城市建设的主导人群都是商人,因而建设的城市也是有利于商业服务的街坊模式(100 m×150 m)。巴黎(图 3-3)大改造时,因为引入方格网会导致建筑的拆迁量太大,所以采用了轴线加斜格网模式,道路尺度 50 m×150 m;德国柏林向法国巴黎学习,也采用了方格网和斜格网的模式,本质上都是街坊模式。美洲的城市建设在 16 世纪受西班牙殖民政策的影响,基本采取了方格网形状,如墨西哥城;纽约按照新阿姆斯特丹的方格网进行建设,尺度为 60 m×200 m;英国流放的清教徒按照方格网模式在波士顿建设了后湾区和灯塔山区;18 世纪末美国首都华盛顿采用了方格网加轴线的方式,设定一般居住街坊的尺度是 80 m×160 m。无论是方格网还是轴线加斜格网,西方传统城市中心路网的尺度都比较小,在 150 m 以内,围合式建筑模式方便开设商业,因此都可认为是街坊式布局。

图 3-3 巴黎的轴线加斜格网模式

(资料来源:根据 Google Earth 卫星图绘制。)

3.1.3 路网形态的类型

城市道路有多种类型,分类方法多样,如从城市道路等级出发,可分为城市主干道、城市次干道、支路等;从道路功能出发,可分为交通性道路、生活性道路等。而本书从形态学的角度出发,研究不同维度下的道路形态类型特征。

在图形视角下,路网形态类型可分为四种,即棋盘式、环形放射式、自由式、鱼刺式;在区位视角下,路网形态可分为四种,A 类型是典型老城核心区,B 类型是传统城市拓展区,C 类型为外围城区,D 类型则是城市郊区;在结构视角下,路网形态类型只存在两大类,即格网型和支流型,并可以细分为格网路网、半格网路网、支流式路网、半支流式路网。

1. 图形视角下的路网形态分类

从图示语言的角度,对古今中外的城市街道网进行归纳,可得出四种基本类型,即棋盘式、环形放射式、自由式、鱼刺式。

1)棋盘式

棋盘式(图 3-4)是最常见的一种街道网形态,它可以追溯到古代农业社会。人们为了划分土地所有权和便于耕种,就用犁在土地上刻画出平行线,把土地分成小的矩形地块。西方古希腊盛行的"希波丹姆规划模式"就是棋盘式的街道网,它在许多名城,如米利都城、普南城等得以实施。棋盘式街道网有利于划分方正地块和安排建筑,易识别方向,系统的通行能力强,且容易组织城市轴线。它的缺点是城市空间较单调,各个街区空间识别性不强,沿对角线方向的距离较长,所以有些城市在重要吸引点之间拉对角线道路以改善交通,如底特律。另外,通过对方格网的拓扑变形或加入活跃元素可以丰富空间,如英国新城密尔顿·凯恩斯,对其方格网主干道略加弯曲,以求变化,小街则迂回曲折。

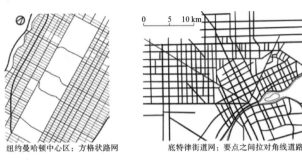

纽约曼哈顿中心区:方格状路网　　底特律街道网:要点之间拉对角线道路　　略弯曲的拓扑变形:米尔顿·凯恩斯街道网

图 3-4　棋盘式路网

(资料来源:改绘自陈晓扬《街道网形态研究》。)

2)环形放射式

环形放射式是牧人、猎人和武士的创造(图 3-5)。环形是牛圈的最理想形式,因为它用最少的樊篱材料限定了最大面积的土地,且环形有利于防卫。西方许多古代城市都是环形的,如巴黎不断建造的城墙就是一圈圈环形相套,莫斯科也是如此。环形的直接派生物就是中心放射形,依靠这个手段,环形居民点不断扩大。环形放射式街道网容易形成明显的城市中心,有一定内聚力,容易形成丰富的城市景观,且能保证城市各部分与城市中心的联系。但当城市规模扩大时,会不可避免地造成城市中心交通的超载。这种情况一般是通过控制进入市中心的交通量来改善,或是如莫斯科那样增加弦向干道。

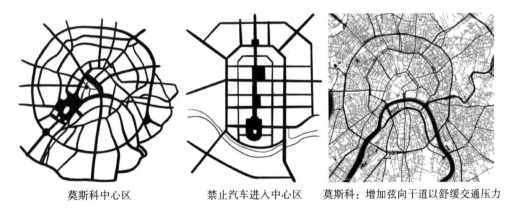

莫斯科中心区　　　　　禁止汽车进入中心区　　　莫斯科:增加弦向干道以舒缓交通压力

图 3-5　环形放射式路网

(资料来源:改绘自陈晓扬《街道网形态研究》。)

3)自由式

自由式街道网多见于自发形成的城市中。自由式街道网多结合自然地形,形成弯曲或曲折多变的几何图式(图 3-6)。我国许多山区城镇如重庆,欧洲一些古城如卡尔卡松、乌迪内,都采用这种街道网形式。自由式街道网使得空间富于变化,易顺应地形,近于自然。其缺点是交叉点多,不利于现代交通。备受青睐的现代有机城市理论就倾向于这种街道网,并且已付诸实践,特别是在居住区中,如伊利诺·里弗赛德居住区。

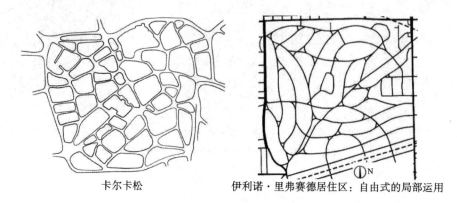

卡尔卡松　　　　　　伊利诺·里弗赛德居住区:自由式的局部运用

图 3-6　自由式路网

(资料来源:左图改绘自陈晓扬《街道网形态研究》,右图描绘自谭文勇、张楠《20 世纪美国住区道路形态的变迁与启示》。)

4)鱼刺式

鱼刺式是带形城市特有的街道网形态(图 3-7)。这种城市的共同点就是基于一

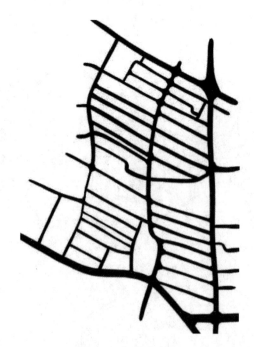

图 3-7　鱼刺式路网

(资料来源:根据 Google Earth 卫星图绘制。)

条连续的交通运输线组织居住、生产、商业和服务设施,没有主导性的中心,所有城市居民均享有同等的工作、学习、享受服务设施和开敞空地的机会。鱼刺式街道网具有生态环境方面的优势,城市不过分集中,人们能获得良好的生存环境和较多的开敞空间。但其缺点是可能导致中心感缺乏,城市内聚力弱和各要素之间的距离过长等,所以在现代城市中多运用于局部。

前面所讨论的四种街道网形态是最基本的形态。一个城市的发展是建立在时空坐标系中的,因而在同一城市中可能有不同形态的街道网并存(表3-1)。北京古城是典型的棋盘式街道网,但后来城市发展突破城墙,主要道路向外辐射,增加了环形道路,成为综合式街道网。各种街道网都有各自的优势,不同规划有不同要求。在决定采用何种街道网类型以及实际运用时,宜灵活机动并综合考虑各种街道网的优缺点。如青岛地形平坦的地方多采用棋盘式街道网,而地形复杂的地段又采用自由式街道网。

表 3-1　街道网类型比较

街道网类型	系统同行能力	直线距离	街区使用	街道景观	方向识别	街区识别	顺应地形	亲近自然度
棋盘式	+	-	+	-	+	-	-	-
环形放射式	+	+	○	○	-	+	○	-
自由式	-	○	-	+	-	+	+	+
鱼刺式	○	-	+	-	+	○	+	+

注:"+"为较好,"○"为一般,"-"为较差。

资料来源:陈晓扬《街道网形态研究》。

2. 区位视角下的路网形态分类

斯蒂芬·马歇尔在《街道与形态》一书中,从区域位置的角度,将西方城市空间街道网络形态模式分为四种类型(图3-8),A 类型为典型老城核心区路网,B 类型是传统城市拓展区路网,C 类型为外围城区路网,D 类型则是城市郊区路网。

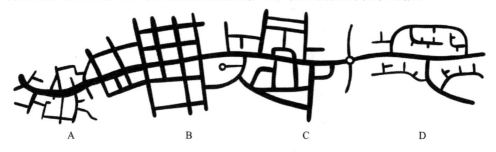

A　　　　　　B　　　　　　C　　　　　　D

图 3-8　四种街道网络形态模式

(资料来源:描绘自斯蒂芬·马歇尔著、苑思楠译《街道与形态》。)

这里所引入的类型学分类旨在对那些在各种不同类型城市分析中所遇到的典型性街道形态进行归纳。这四种类型恰恰反映出对城镇或城市在不同增长阶段所表现出的不同形态特性的思考,其排列顺序参照了从城市历史中心向外延伸至聚落边缘的一个完整过渡。

图 3-8 中 A 类型体现了典型的老城核心区域,尤其是那些城堡型城市。为了便于记忆,我们将 A 类型定义为"老城"。"老城"中各条路径之间呈现出不同的扭转角度,并指向各个方向,形成一种放射形的雏形,这样的形态往往位于一个聚落的核心区域。A 类型的实例有突尼斯、沙特阿拉伯麦地那地区非正交非规则街道。

B 类型是一种典型的经由规划而成的城市扩建区域,或者是新建成的聚居区。四向直角形交汇节点的普遍使用从本质上为这种布局赋予了在两个正交轴向上对等的导向性,并在更大的尺度范围内形成一种格网形式。因此可以将 B 类型定义为"对等式"(bilateral)。B 类型的实例有布莱斯伍德、格拉斯哥市的第二个格网式扩建区。

C 类型可能是可以出现在聚落中不同位置上的最为普通的一种类型了。这种类型的特征就在于它常常位于一条主干道路的两侧,既可以用于构成一个村庄或者整个聚落的中心骨架,也可以作为一个郊区拓建区沿一条放射式路径布置。因此可以将 C 类型命名为"特征型"(characteristic)或者"互联型"(conjoint)。

D 类型代表了典型的现代等级式布局形式,这种类型经常与干线道路的曲线形布局相配合,形成回路或者分支形态。事实上,我们可以将它命名为"干线支流"(distributary)以凸显 D 类型的特征。这一命名暗指该类型混合了"干线"(distributor)和"支流"(tributary)两层含义,另外或许也暗示了"反城市性"(disurbansity)的深层含义。

在一些城市中可能会存在以上所有类型(表 3-2),但在一些"规划成的聚落"实例中,就不会存在位于中心区域的 A 类型;在另一些实例中,可能会同时存在 A 类型与 B 类型,但二者彼此分离;还存在一些实例,其中完全不见 B 类型。但如图 3-8 所示,D 类型一般都是一个聚落中最晚出现,并分布于最外围的城市肌理层。

表 3-2　A、B、C、D 四种类型相应的城市关联

类　　型	形态实例	典型位置	临街区域	所处交通时代
A 类型,老城		历史核心	建筑正面场地	步行和骑马时代

续表

类　型	形 态 实 例	典 型 位 置	临街区域	所处交通时代
B类型，对等型	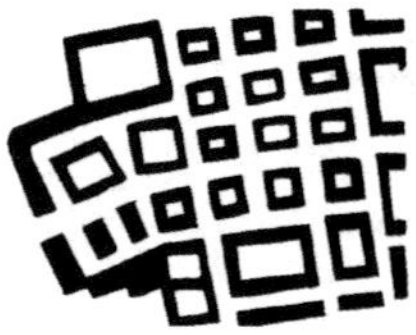	网格布局区域（城市中心、扩展区或全市范围）	建筑正面场地	骑马和马车时代
C类型，特征型/互联型	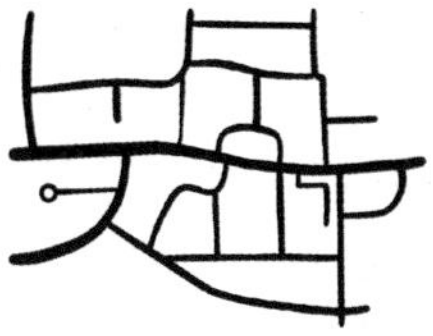	任何位置，包括独立的乡村或者城郊扩展区，经常横跨主干道路	建筑正面场地或者建筑后退，与街道形成间隔	公共交通出现后的任何一个时代、机动车交通时代
D类型，干线支流型	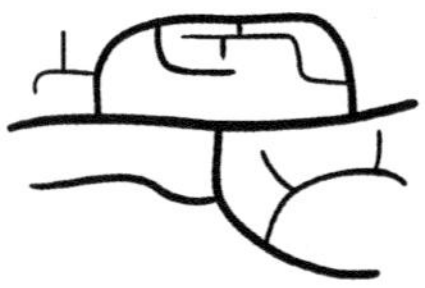	城市周边区域开发：脱离交通干线的聚集点或者内部填充的超大街块	建筑后退与街道形成间隔，必须通过小路到达	机动车交通时代

资料来源：斯蒂芬·马歇尔著、苑思楠译《街道与形态》。

3. 结构视角下的路网形态分类

忽略路网的形状、尺度等图形特征，从拓扑结构的角度来看路网，存在两种最基本的形态——格网形态与支流形态。在格网形态、支流形态之间还可以进一步细分出半格网形态和半支流形态。

1）格网路网

路网中包含大量的十字形节点（图 3-9）。大多数"规划"所得路网布局属于典型的格网路网，例如对于传统聚居区的拓展规划，或者一些从初期便基于格网形态进行设计规划的聚居区。

2）半格网路网

半格网路网具有典型的网格状布局（图 3-10），并由丁字形与十字形道路节点混合构成，在传统聚居区内部常可以找到此类型路网。

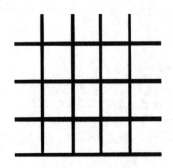

图 3-9　格网式路网

(资料来源:描绘自斯蒂芬·马歇尔著、苑思楠译《街道与形态》。)

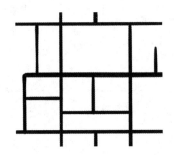

图 3-10　半格网路网

(资料来源:描绘自斯蒂芬·马歇尔著、苑思楠译《街道与形态》。)

3)支流式路网

支流式路网具有较深的分支道路,路网内部系统性地应用尽端道路以及多层次的回路(图 3-11)。这种路网形式自 20 世纪 60 年代起在英国普遍应用,在新城镇以及郊区建设之中常可发现此类路网实例。这种路网是典型的"等级化"道路系统。

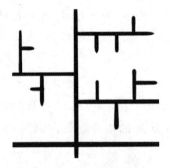

图 3-11　支流式路网

(资料来源:描绘自斯蒂芬·马歇尔著、苑思楠译《街道与形态》。)

4)半支流式路网

在较早的城郊街区中往往可以找到典型的半支流式路网形态(图 3-12)。这种形态包含有一定级别的分层,并在一定程度上使用尽端道路,但是其等级关系划分相对较模糊。在次级道路与主路之间存在直接连通的道路。

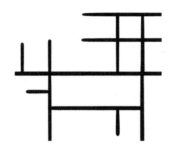

图 3-12 半支流式路网
(资料来源:描绘自斯蒂芬·马歇尔著、苑思楠译《街道与形态》。)

3.1.4 街道网络空间形态的量化描述

在 20 世纪六七十年代之后,随着科技的进步,越来越多的跨学科研究开始涌现出来,城乡规划领域也出现了更多的运用数学理论及方法进行量化分析的研究。一般认为,一个学科数学化的程度代表了其科学化的水平,因此由定性研究进一步向定量研究发展是城乡规划学科学化发展的必然趋势。斯蒂芬·马歇尔在《街道与形态》一书中提出区分街道形态的三种方式(表 3-3):一是纯粹的几何形态(即"组成");二是抽象拓扑性的形态(即"组构");三是链接、路径及交汇点的等级类型(即"构成")。因此对街道形态的定量研究可分为一般性量化指标、几何形态描述指标及拓扑形态描述指标。

表 3-3 区分街道形态的三种方式

组 成	组 构	构 成
		I II III IV

资料来源:描绘自斯蒂芬·马歇尔著、苑思楠译《街道与形态》。

1. 一般性量化指标

1)"T"形率和"X"形率

交叉节点类型可以作为一种有效的辅助判断依据对网络布局进行识别,例如可以借此将格网布局从其他布局中有效地识别出来。我们可以将 T 形和 X 形交叉节点同两种与微观结构相关联的"基础性类型"(单元形和树形)进行组合,创造出四种基本的组构类型(表3-4)。这些类型都非常简单,但是在某些情况下却十分有效,通过它们可以快速地辨别出某种特定的特征,或者对不同类型的树形或格网形组构形式进行识别。

表3-4　交叉节点类型

类　型	树　形	单 元 形
T形交叉节点	T 形树	T 形单元
X形交叉节点	X 形树	X 形单元

资源来源:描绘自斯蒂芬·马歇尔著、苑思楠译《街道与形态》。

首先,我们可以构建起一个组构性类型的变化序列(图3-13),该序列由那些纯粹以 T 形交叉节点组成的组构类型逐渐过渡到完全以 X 形交叉节点组成的组构类型。我们可以定义 T 形率即为 T 形交叉节点在所有交叉节点中所占的比例,而 X 形率则为 X 形交叉节点在所有交叉节点中所占的比例。显然,如果一个网络中只含有 T 形交叉节点与 X 形交叉节点,那么 T 形率与 X 形率之和为 1。在几乎所有真实街道布局中,都会出现 T 形交叉节点和 X 形交叉节点的混合应用,因而相应的比率值会在 0 和 1 之间浮动(表 3-5)。

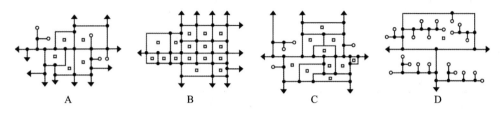

图 3-13 四种测试性组构

(资料来源:描绘自斯蒂芬·马歇尔著、苑思楠译《街道与形态》。)

表 3-5 图 3-13 中测试性组构的 T 形率和 X 形率

示例组构	A	B	C	D
三向交叉点数(●)	16	13	27	24
四向交叉点数(●)	4	14	1	0
交叉节点总数	20	27	28	24
T 形率	0.8	0.48	0.96	1
X 形率	0.2	0.52	0.04	0

资料来源:描绘自斯蒂芬·马歇尔著、苑思楠译《街道与形态》。

2)尽端率和单元率

我们可以将尽端率定义为尽端路数量与尽端路数量及单元数量之和的比值(表 3-6、表 3-7),而单元率则为单元数量与尽端路数量及单元数量之和的比值。尽端率与单元率之和为 1。显然,一个纯"树形"布局仅具有分支形的尽端路,而不存在单元结构,因此其尽端率为 1,单元率为 0。相反,在纯单元式布局(如纯格网布局)中不存在尽端路,在这种情况下,其尽端率为 0,单元率为 1。在大多数的真实街道布局中,都会存在两者的混合。尽端率和单元率的计算式如下:

单元率=单元数量/(尽端路数量+单元数量)

尽端率=尽端路数量/(单元数量+尽端路数量)

表 3-6 图 3-13 中测试性组构的单元率和尽端率

示例组构	A	B	C	D
单元数(□)	5	16	10	1
尽端路数量(○)	5	0	4	21
交叉节点总数	10	16	14	22
单元率	0.5	1.0	0.71	0.05
尽端率	0.5	0.0	0.29	0.95

资料来源:描绘自斯蒂芬·马歇尔著、苑思楠译《街道与形态》。

表3-7　图3-13中测试性组构的节点图标参数　　　　　单位：%

示例组构	A	B	C	D
尽端路	20	0	13	47
T形交叉节点	64	48	84	53
X形交叉节点	16	52	3	0

资料来源：描绘自斯蒂芬·马歇尔著、苑思楠译《街道与形态》。

在图3-14中，T形率和X形率对应尽端率和单元率进行坐标投影，该投影标注显示了图3-13示例组构在二维坐标系中各自分布的位置。

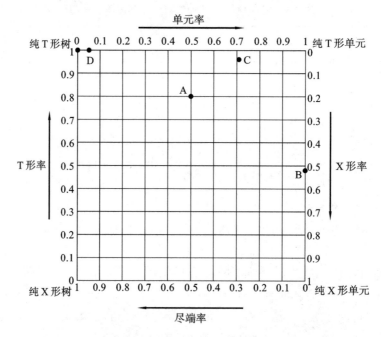

图3-14　T形和X形比率的关系

（资料来源：描绘自斯蒂芬·马歇尔著、苑思楠译《街道与形态》。）

2. 几何形态描述指标

人们对于城市街道网络的认知，一方面来自对空间呈现出的直观几何形态的观察，如长短、大小、面积等带有量度数据的街道形态性质；另一方面受到网络空间的与尺度无关的特性——网络内部的连接结构的影响。网络内部的连接结构直接影响了人在网络内部运行的方式。研究显示，人在运动中并非根据对实际路程距离的估算来识路行走，而是根据对道路彼此连接的几何想象来识路行走。尽管人们在认识一个网络时，其抽象连接形态并不像宽度、高度一样直观可见，但是这种空间结构却让人们在潜意识中形成了对于城市认知和记忆的一部分。因此要完整地反映人们头脑中的街道网络空间图示，同样需要找到一种方法对网络的空间连接结构进行准确的描述。

苑思楠(2012)定义网络密度概念为一种从区域性视角对街道系统几何形态特性进行描述的量化指标。网络密度可以被定义为单位面积内街道网络的量。通过这一定义可以看到,网络密度参量将街道网络的几何形态同网络所延伸的区域关联起来,从而实现了整体角度的网络特征计量。

1)网络模型

为了对网络密度所表达的空间内涵进行深入探索,研究使用了 6 个简化的均质格网状路网模型,分别为网络 A、网络 B、网络 C、网络 a、网络 b、网络 c(图 3-15)。为了凸显不同网络的某些形态差异,这些模型被人为设定了某些在真实城市中不可能出现的极限网络布局。通过对这些网络模型密度特征进行比较分析,研究尝试利用网络密度指标对特定网络空间特征进行解析。

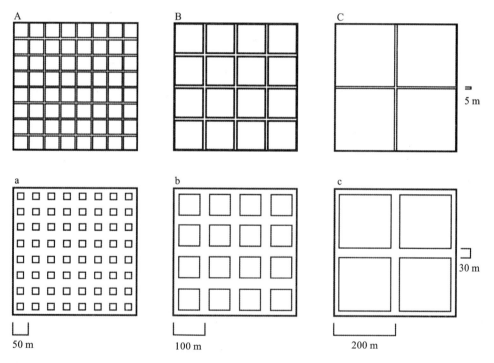

图 3-15 6 个简化的均质格网状路网模型
(资料来源:描绘自苑思楠《城市街道网络空间形态定量分析》)

6 个简化网络模型覆盖面积均为 160000 m²(400 m×400 m),且都为阵列布置的方形格网,它们之间主要体现出网络空间的尺度形态差异。网络 A、网络 B、网络 C 道路宽度同为 5 m,其街块单边长度分别为 45 m、95 m 和 195 m;网络 a、网络 b、网络 c 道路宽度同为 30 米,其街块单边长度分别为 20 m、70 m 和 170 m。网络模型中,A、C、a、c 分别代表了城市中可能出现的四种极端网络尺度类型,而 B、b 则在它们之间形成过渡。通过网络 A、网络 B、网络 C、网络 a、网络 b、网络 c 这样一组具有不同几何性特征的网络布局的设置,可以在进行网络密度计量与分析过程中,检验其是否能够完整地反映出不同网络的所有空间尺度信息。

2)街道网络的线密度

街道网络的线密度是指地块内网络路径长度总和与地块面积的比值。通过分析线密度的大小,可知地块内路径的多少以及网络的精细程度。

街道网络的线密度 N_1 的计算公式如下:

$$N_1 = \frac{\sum L_x}{A} \tag{3-1}$$

式(3-1)中,N_1 为街道网络的线密度(m/m^2),L_x 为路网中路径长度(m),A 为地块面积(m^2)。

根据式(3-1)可对各个路网进行密度测算,数据统计及测算结果见图 3-15 与图 3-16。在 6 个网络中,网络 A 和网络 a、网络 B 和网络 b、网络 C 和网络 c 分别具有相同的网络线密度,其中网络 A 和网络 a 线密度值最大,为 0.045 m/m^2,网络 C 和网络 c 线密度值最小,为0.015 m/m^2。

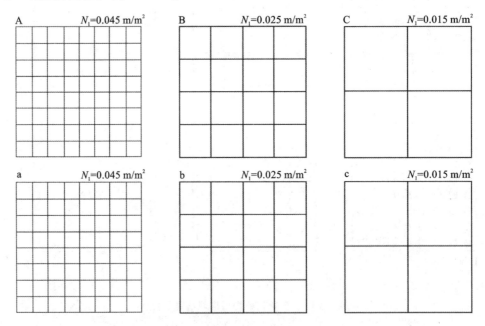

图 3-16 各模型网络线密度值测算结果

(资料来源:描绘自苑思楠《城市街道网络空间形态定量分析》。)

通过网络线密度计量可知(图 3-17),与其他网络相比,网络 A 与网络 a 中路径连通的总距离更长,这也意味着网络 A、网络 a 中路径能将运动流输送到地块内更多的区域。相对而言,网络 B、网络 b、网络 C、网络 c 在同样区域内,路径数量更少,运动流所能到达的区域也更少。但通过这一计算是否可以判定,网络 A、网络 a 比其他所有网络都具有更大的网络密度,而且网络 A、网络 a 具有相同的道路尺度形态? 凭借对网络图形的直观观察,不难明白答案是否定的。仅通过网络线密度这一单一变量无法对网络的几何尺度特性进行全面评价,因此还要了解第二种网络密度变量——网络覆盖面积密度。

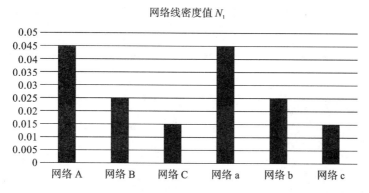

网络线密度值 N_l

图 3-17　各模型网络线密度值比较

(资料来源:描绘自苑思楠《城市街道网络空间形态定量分析》。)

3)街道网络的面密度

网络覆盖面积密度可以计量为地块内路网区域面积除以地块总面积。面积密度计算公式的输出结果所表达的空间含义即为单位地块内网络所占的面积比率。该密度算法中,因道路被作为二维对象进行尺度计量,故所得网络密度被称为街道网络的面密度(N_a)。街道网络的面密度 N_a 的计算公式如下:

$$N_a = A_n / A \tag{3-2}$$

式(3-2)中,N_a 为网络的面密度,A_n 为地块内路网面积(m^2),A 为地块面积(m^2)。

通过计算,各网络面数据统计及密度值见图 3-18、图 3-19。在所有网络模型中,网络 a 具有最大的网络面密度值 0.84,而网络 C 面密度值最小,仅为 0.049。同时可以发现,无论网络线密度关系如何,网络 a、网络 b、网络 c 的面密度值均显著高于对应的网络 A、网络 B、网络 C,这是由于宽阔的网络道路截面使这三个路网在相同区域内道路所占面积比例更高。

从计量结果来看,网络线密度计量与网络面密度计量为我们提供了 6 个网络模型完全不同的密度指标关系。而从空间形态角度来说,这两种密度计量算法分别表达了完全不同的空间含义。由此可见,单独使用任何一种网络密度算法对网络形态特征进行认知都是片面的。

4)密度图表

为实现上述目标,研究首先构建起一个笛卡尔坐标系,坐标系的 x、y 坐标轴分别代表网络布局的长度密度值与面积密度值。随后将网络长度密度和面积密度两

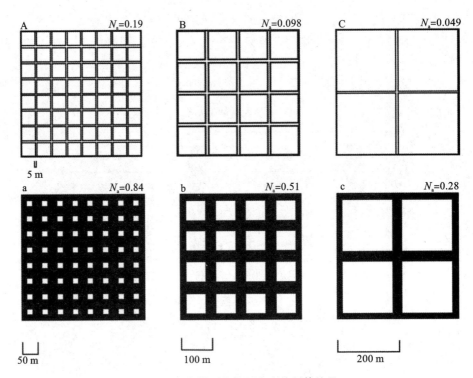

图 3-18　各模型网络面密度值测算结果

（资料来源：描绘自苑思楠《城市街道网络空间形态定量分析》。）

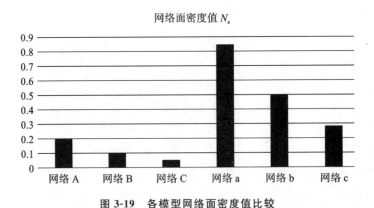

图 3-19　各模型网络面密度值比较

（资料来源：描绘自苑思楠《城市街道网络空间形态定量分析》。）

个变量投影为笛卡尔坐标系中的一个数据点，于是一个特定街道网络的网络密度特征就可以被表示为该网络数据点在坐标系中的投影位置，这种网络密度特征坐标系图示法被命名为"密度图表"。

密度图表空间中不同的区域表达了不同的网络密度特征，同时也反映出不同的空间形态特性：当网络密度特征点的分布位置偏向图表左下侧，说明地块内网络路径较为稀少,同时网络在地块中所覆盖面积比例也相对较低;当网络密度特征点的分布位置偏向图表右下侧,则地块内网络路径密集,但道路宽度一般较窄,网络面积比例也相对较低;当网络密度特征点的分布位置偏向图表左上侧,则地块内网络路径较少但路径总体较宽,道路覆盖率很高;而当网络密度特征点的分布位置偏向图表右上侧,则地块内路径密集同时道路覆盖率高(图 3-20)。

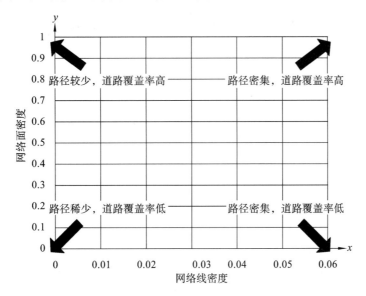

图 3-20 密度图表空间区域所表征的网络几何形态特征

(资料来源:描绘自苑思楠《城市街道网络空间形态定量分析》。)

通过将 6 个网络模型的密度特征值分别标注于密度图表之中,可以看到各个网络模型散布于密度图表的不同区域中(图 3-21)。尽管由于具有相同的线密度值(x坐标值),网络 A 和网络 a、网络 B 和网络 b、网络 C 和网络 c 分别两两分布于同一条竖向坐标线上,但是基于面密度的差异,其在图表空间的分布位置具有很大差异。

5)街道网络的渗透性

在上文中,通过密度图表的 x、y 轴分别对网络的线密度和面密度进行了定义,这里进一步引入与网络空间尺度形态相关的形态指标——网络的渗透性(permeability)。

网络的渗透性概念在传统城市设计及交通工程领域均常被提及,斯蒂芬·马歇尔在《街道与形态》一书中对其进行了定义,指出网络的渗透性是一种网络空间的几何性(组构)形态特征,它代表"一个二维平面区域被交通可达空间渗透的程度——这种渗透性与网络的长度(交通迂回的距离)以及网络覆盖面积(可供循环的区域)同时相关"。根据斯蒂芬·马歇尔的定义,图 3-22(a)的布局比图 3-22(b)的布局具有更高的渗透性,但两者具有相同的网络长度与拓扑连接性。较高的渗透性不仅意味着地块内具有较多的通行区域,同时也说明存在大量路径连通至地块内部区域,

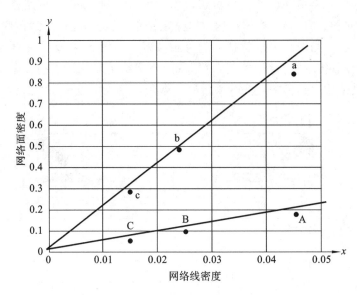

图 3-21　利用网络密度图标对 6 个网络模型几何形态特征进行比较分析

(资料来源:改绘自苑思楠《城市街道网络空间形态定量分析》。)

简言之,该区域易于进入;而相对较低的渗透性则说明地块内既缺乏足够的路径数量,同时也缺乏足够的路径面积,即该区域不易进入。

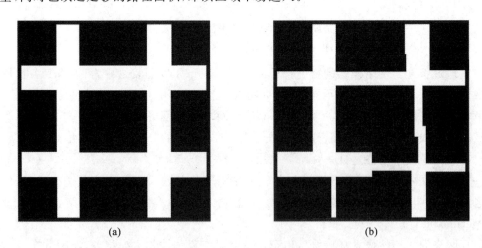

(a)　　　　　　　　　　　(b)

图 3-22　网络的渗透性

(资料来源:描绘自斯蒂芬·马歇尔著、苑思楠译《街道与形态》。)

　　斯蒂芬·马歇尔将"渗透性"概念定义为对网络距离以及网络延伸面积两方面因素的综合考虑,根据这一定义我们可通过网络线密度与面密度两变量的乘积对该网络特征进行量化描述,这样在密度图表中就可以获得一系列双曲辅助线(图3-23)。

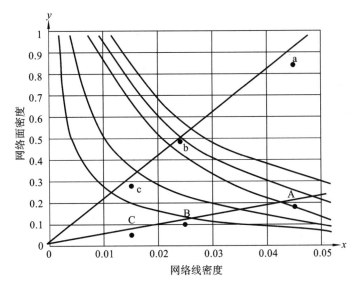

图 3-23　在密度图表空间内利用渗透性辅助曲线对 6 个网络模型渗透性水平进行比较分析

（资料来源：改绘自苑思楠《城市街道网络空间形态定量分析》。）

网络的渗透率 P 的计算公式如下：

$$P = N_a \cdot N_1 \tag{3-3}$$

式（3-3）中，N_a 为网络面密度，N_1 为网络线密度。

对不同网络的渗透性进行标定。图 3-23 中网络 a 的渗透性远大于其他网络，其 P 值为 0.0378；其后网络渗透性由大到小依次为网络 b、网络 A、网络 c、网络 B、网络 C 的渗透性最小，其 P 值仅为 0.00074。同时根据渗透性辅助曲线的走势还可知，在密度图表空间中，如果分布区域偏右上侧，则网络的渗透性相应较大；反之若分布区域偏左下侧，则网络的渗透性较小。

3. 拓扑形态描述指标

在空间句法理论和路径结构分析中，一些拓扑形态指标是共同的，如连接性、路径深度，而另一些形态指标则是各自独立衍生的，如整合度、网络异质性。对于兼有两种理论的形态指标，两种理论对其的定义方式在实质上存在着一定的关联性。考虑到同空间认知更直接的关联性，下面侧重从空间句法理论的角度对这些指标进行介绍，并作为之后网络样本分析和识别的标准。

1）连接性

无论在空间句法中，还是在路径结构分析中，连接性都是一种最基本的拓扑形态特性。连接性即为拓扑图示中一个给定的线性元素所连接的其他元素的数目。对于轴线图示而言，一条轴线的连接性就是与其相交轴线的数目。而对于路径结构

图示而言,一条路径的连接性则表明了与其相连路径的数目。在拓扑形态分析中,连接性 C_i 的计算公式可表达为:

$$C_i = k \tag{3-4}$$

式(3-4)中,k 是与第 i 个线性元素直接相连的其他元素数目。

2)路径深度

在深度概念上,空间句法同路径结构分析之间有所差异。空间句法中所指深度是一种绝对深度概念,它表示一条轴线距其他所有轴线的最短距离之和。该距离量度以拓扑邻接步数方式计量,与该轴线直接相交,计为步数 1,每多进行一次交接转换,则步数加 1。因此说一个轴线深度浅,则说明该轴线同其他轴线距离近;反之,则说明该轴线同其他轴线距离远。空间句法中,对于给定路径 i,其总深度 t_d 为:

$$t_d = \sum_{j=1}^{k} d_{ij} \tag{3-5}$$

式(3-5)中,k 为该网络中轴线总数。通过总深度可继续求得网络中路径 i 的平均深度 MD_i 为:

$$MD_i = \frac{t_d}{k-1} \tag{3-6}$$

在空间句法研究中,深度值并不是一个独立的形态变量,但它是计算网络整合度的一个关键性的中间变量。

路径结构分析中的深度指标是一种相对深度概念。首先需要在街道网络中选择一条路径作为基准路径,网络中所有路径的深度都是距该“基准”的距离。与空间句法相同,该距离以拓扑邻接步数进行计量。一条路径与基准路径步距越远,路径深度越深;步距越近,深度越浅。路径结构分析将基准路径的深度值定为 1,直接与之相连的路径深度值为 2,以此类推。

根据这一深度指标定义,可知路径结构分析的结果同基准路径的选择直接相关。与路径构建一样,路径结构分析中需要对基准的选择进行判断。斯蒂芬·马歇尔指出:“该基准的选定应反映出本地网络在接入更大范围网络过程中的总体性结构(例如同区域道路或国家级道路的连接)。对于基准的选择与最初对于分析网络的选择同样需要仔细与谨慎——首先大多数的城市网络也便是从国家级路网或者大陆级别路网中挑选出的子网络。此外在横向比较各个网络时保持基准选择标准的一致性也是非常重要的。”

3)连续性

连续性是路径结构分析中独立的一个概念,它同连接性、路径深度一起构成了该理论中最基础的路径拓扑结构特性。路径结构分析中,路径是由点线图示中的连接线转化构成,因此连续性即指构成一条路径的连接线的数量,它反映了一条路径连续穿过的交汇点的多少。

图 3-24 中路径 1 由 3 条连接线构成,因此其连续性值为 3。

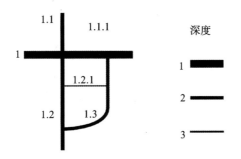

图 3-24　一个路径结构图示的网络连接性测算

(资料来源:描绘自斯蒂芬・马歇尔著、苑思楠译《街道与形态》。)

3.2　街　　廊

3.2.1　街廊的概念

"街廊"又称"街区"(图 3-25),一般被认为是一个舶来词汇,是从英文"block"直接翻译过来的,在中国传统习惯里与之对应的词汇大概是"街坊"。《朗文当代高级英语词典》对"block"的解释为"a distance along a city street from where one street crosses it to the next group",即两条街道之间的距离;而在城市形态学中,街廊的概念更侧重于其形态学意义,指由众多不同权属的可开发地块共同形成的联系城市道路和建筑单体的中介。

在建筑和城市规划界,似乎早已默认街区是个约定俗成的概念,因此拿来就用者居多,很少有人给街区重新下定义。对街区概念的研究多为各说各话,大家都借助一个朦胧的、自己所理解的街区概念从事自己的研究。

相比之下,更多的研究者干脆使用类似《金山词霸》中那样简单的概念,即街廊是由城市道路以及河流、绿化带、围墙等边界元素划分的城市区域。从功能上看,街廊是市民生活、工作、休闲的基本单元,是政策法规执行和公众参与的基本单元;从结构上看,街廊是构成城市的基本单元,大多数城市都是由一定数量的街廊组合而成并维持运转的;从社会属性层面上看,城市街廊是在自然、经济、社会及政治因素的共同作用下,承担城市活动的基本组织单元。街廊的物质形态和功能组织的综合效益能体现城市空间对公共利益及价值的满足程度,是营造城市人文精神的主要媒介(图 3-26)。

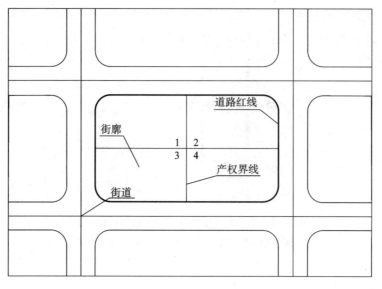

图 3-25　街廊概念图

（资料来源：改绘自王昭《城市小尺度街区研究》。）

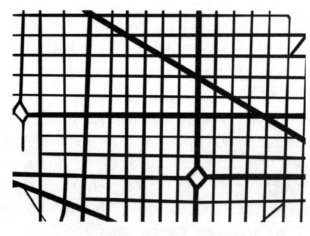

图 3-26　城市街廊

（资料来源：根据 Google Earth 卫星图绘制。）

3.2.2　街廊与城市的关系

1. 街廊与外部的交流

"有选择性"是街廊同外部交流的最重要特点，街区通过自身特点和某种机制引导与筛选"流"的出入，以达到趋利避害的目的，因此不同街廊与外界交流的频率相差悬殊。

街廊的内部空间存在两种方式：一种是作为临街用户的后花园，被临街用户分割完;另一种是半公共的公共空间,成为整个街廓共有的公共活动场所。前者建筑的出入口通常直接开向街道,和街道联系紧密;后者情况比较复杂,街廓内部空间和城市街道的联系有以下几种方式。

1)底层界面与街道的交流

部分街廓尤其是有商业价值的街廓,通常在临街的底层设置店面,店面朝街道开门以取得和街道的紧密联系(图 3-27)。

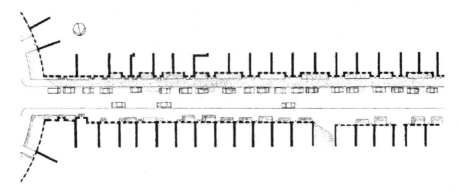

图 3-27　街廓底层的临街店面

(资料来源:描绘自阿兰·B·雅各布斯著,王又佳、金秋野译《伟大的街道》。)

2)一面或两面向街道敞开

临街的四个面中(假定街廓为方形)留出一两个临街面作为开敞面,联系街廓内外(图 3-28)。

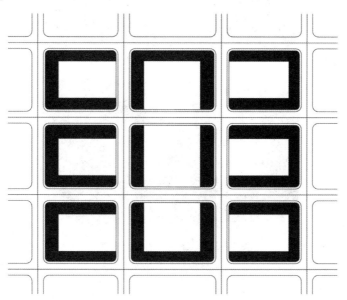

图 3-28　街廓底层的临街店面

(资料来源:自绘。)

3）临街面局部预留间断口联系内外

一些周边式布局的街廓或是有围墙等门禁设施的街廓,往往会在局部预留间断口以联系内外(图 3-29)。这种方式有利于塑造安全的街廓内部空间,但建筑的主要出入口开在街廓内部,如果没有底层临街商铺,容易形成缺乏活力的街道界面。

图 3-29　街廓底层的临街店面

(资料来源:改绘自 Ivor Samuels、Anna Agata Kantarek *Streets without Doors:A Twentieth Century Phenomenon*。)

4）通过底层局部架空或门厅等建筑公共空间联系内外

欧洲一些密度极高的街区,临街面全部被建筑所围合,只能通过局部架空或门厅等进入内部空间(图 3-30)。

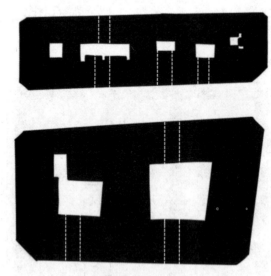

图 3-30　街廓底层的临街店面

(资料来源:自绘。)

5）开放式街区

部分学者认为街廓应该完全开放,以和城市进行无缝的连接。如法国建筑师包赞巴克进行了开放式街区的研究与实践(图 3-31)。

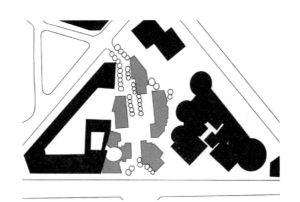

图 3-31　街廊底层的临街店面

(资料来源:描绘自克里斯蒂安·德·包赞巴克《开放街区——以欧路风格住宅和
马塞纳新区为例》。)

2. 街廊间的联系模式

街廊间的联系模式有中介渗透、路径连接、空间关联、相关线、复合连接、心理关联等,如图 3-32 所示。

1)中介渗透

街廊间一般以路径划分,路径是线性分隔体,是街廊间相互联系的中间媒介,街廊能够利用街道作为中介,间接地产生一定程度的联系。

2)路径连接

路径连接主要指的是通过步行系统联系各个街廊。简单的做法是通过相关元素在街廊间建立路径上的直接联系,这样相邻的街廊可以自由连通,成为一体。

3)空间关联

街廊的内部空间系统都有一定的规律性。若相邻街廊的内部空间系统存在某种形式上的呼应,街廊就能取得图底关系和主观感觉上的关联。

4)相关线

"线"使众多街廊产生联系。在一个区域中可能存在多条相关线,它们通过相互交织形成网络,从而形成具有规律性的整体。

5)复合连接

实际中街廊间的联系方式复杂而多变,往往由多种联系方式相互组合交叉,从而实现街廊间的复合连接。

6)心理关联

通过各个街廊的功能、人群、社会活动等的相似性,使各个街廊间形成无形的联系,即心理关联。

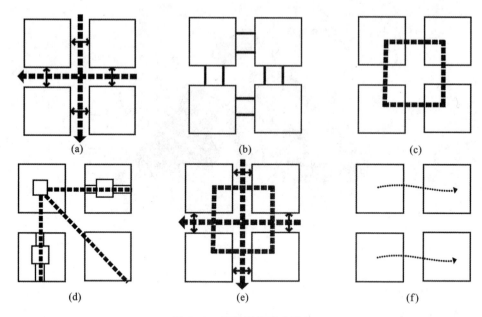

图 3-32　街廊间的联系模式
(a)中介渗透;(b)路径连接;(c)空间关联;(d)相关线;(e)复合连接;(f)心理关联
(资料来源:改绘自肖亮《城市街区尺度研究》。)

3.2.3　街廊的尺度

顾名思义,街廊的尺度就是以某个标尺为基准,人们对街廊这个客体大小的主观感知。街廊的尺度主要指街廊的几何尺度,同时还包括街区容纳的人的数量这一量度。

1. 街廊尺度的历史演进

从中西方街廊尺度的历史演进过程(图 3-33)中,我们发现,不仅同一时期两者的差异是明显的,而且两者的演进态势也不相同:西方街廊尺度的演进总的来说是以小尺度为主,而在工业革命之后,在小尺度街廊的基础上有略微增大的倾向;而中国则在唐与元之间(北宋末期)出现了巨变,在之前和之后呈现出两段彼此独立的由小到大的过程。

1)西方街廊尺度的历史演进

西方城市在城市建设上一直没有一套固定制度,加上欧洲在历史上总是分裂多于统一,因此西方的城市结构多变,街廊形制及尺度的变化也比较复杂(表 3-8)。

从公元前 1800 年古埃及卡洪城的居民区考古示意图中,可以看出由劳工们住宅组成的街区尺度大致为 15 m×70 m。

希腊化时期,米利提的希波丹姆第一个从理论上梳理并应用了几何规划模式(米利都城形式),其基本特点是:采用棋盘式街道系统,街道主次分级,次要街道的

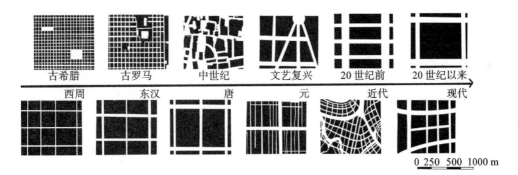

图 3-33　中西方街廊尺度的历史演进

(资料来源:改绘自肖亮《城市街区尺度研究》。)

间距为 30～35 m,主要街道的间距为 50～300 m。如此就在街道网格内形成了面积相等的街廊,大小为(30～35)m×(50～300)m。

古罗马城市的街道网比古希腊城市的街道网更灵活,通常是结合地形设计,多由非直线街道构成,因此罗马城市的街廊,尺度大小不一,通常介于 70 m×70 m 与 150 m×150 m 之间,多呈正方形。

中世纪城市街廊尺度不定,但多数边长不超过 100 m,如帕多瓦。德意志的卡尔斯鲁厄是巴洛克新城的实例,其街廊尺度有大有小,平均边长也仅在 100 m 左右,这两种街廊平面形式都偏自由式。

在北美新大陆早期的城市建设中,多数城市被机械地以方格网道路划分。而在城市地价日益增长的情况下,为了获得更多利润,采取缩小街廊面积、增加道路长度的办法,以获得更多的可供出租的临街面。因此在 1811 年的规划中,工程师将曼哈顿划分成长方形的地块。

表 3-8　西方街廊尺度历史演进

古埃及时期	古希腊时期	古罗马时期

续表

古埃及时期	古希腊时期	古罗马时期
卡洪城	米利都城	罗马营寨城
规则,15 m×70 m	规则,(30~35)m×(50~300)m	规则,70 m×70 m~150 m×150 m
中世纪时期	文艺复兴时期	工业革命之后
帕多瓦	德意志的卡尔斯鲁厄	美国肯特兰住区路网
自由,(50~100) m×(50~100) m	自由,(50~100) m×(50~100) m	规则,50 m×100 m

资料来源:整理自肖亮《城市街区尺度研究》。

2)中国街廊尺度的历史演进

截至目前,夏、商两朝的城市街廊仍处于考古空白的状态。一般认为,周代"营国"制度建立后,有据可查的城市单元才出现(表3-9)。

中国在西周初年就形成了一套营国作邑的制度,在《周礼·考工记》中记载得比较详细。将全城分成81个闾里,都为边长320 m左右的方形。东汉时都城洛阳的规划很好地体现了营国制度的礼制秩序,从洛阳的规划示意图粗略估计,典型的闾里尺度近于500 m×400 m。隋唐长安效仿北魏洛阳,采用"坊"为规划用地基本单位,坊的大小主要分四种,尺度范围在500 m×(500~1000)m。元大都是唐长安之后新建的最大都城,它继承了两宋坊制改革的成果。有研究认为,元大都两条胡同之间一般为10户人家的居住用地,则长向合200 m。民国时期,租界区或在殖民势力控制下形成的新区的规划手法都是当时西方帝国主义国家流行的样式,开始是棋盘式,后来又掺入了巴洛克式,青岛德国租界区的道路间距一般为80~100 m。1929年上海规划采用小方格和放射路相结合的方式,街廊仅有几十米长。而到了现代,中国长度300~500 m的大街廊却普遍存在。

表 3-9 东方街廓尺度历史演进

西周	东周至东汉	北魏至北宋
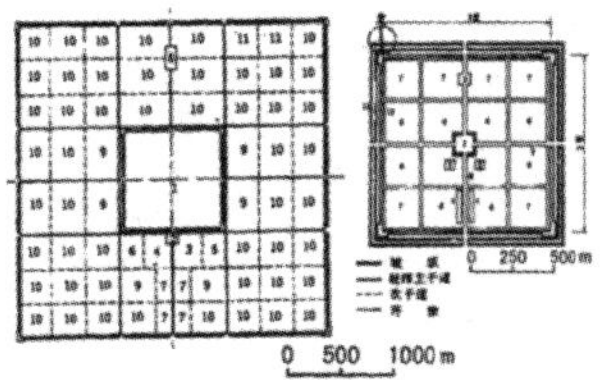	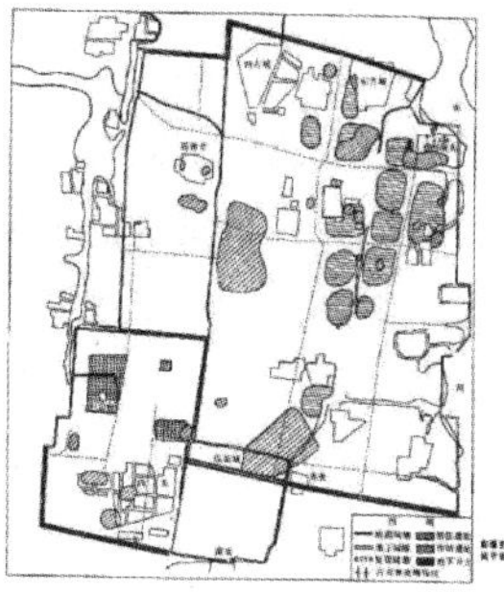	
营国制度	汉长安	唐长安
规则,320 m×320 m	规则,500 m×400 m	规则,500×(500～1000) m
元至清末	近代	现代
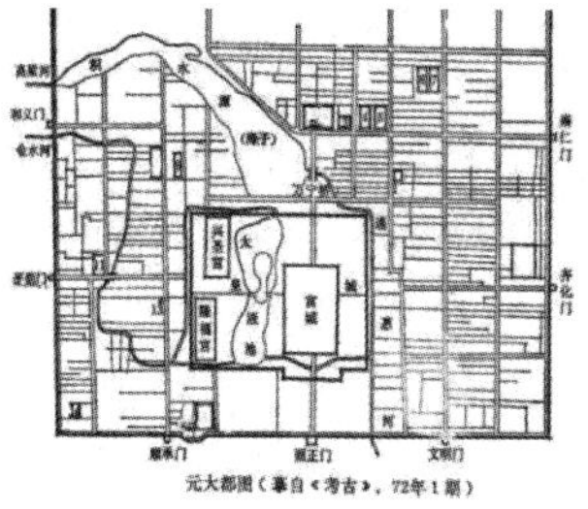		
元大都	近代青岛	上海五角场
规则,100 m×200 m	自由,(40～50) m×(80～100) m	自由,(40～50) m×(80～100) m

资料来源:整理自肖亮《城市街区尺度研究》。

总结上文可知,由于中国制度与西方制度的差异,现代中国的街廓以大尺度的封闭街区为主,而西方国家以开放式小街区为主。随着近年来封闭式街区的弊端越发显现,中国的学者们为寻求新的发展模式,逐渐将眼光转向小街区,因此近年来西方街区发展的新成果值得我们进行研究与借鉴。

2.街廓尺度的影响因素

城市是一个不断与外界环境进行物质和信息交流的开放系统,作为其基本单元的街廓也具有这种特性,因此,街廓的产生、发展及形态的演变过程必然会受到多种因素的影响。街廓尺度基本上属于形态方面的问题,对于城市形态的研究,要先了解、抓住直接或间接影响其变化的系统和背景。可见,对相关影响因素的分析,有助于理清街廓尺度的发展脉络和一般规律。街廓尺度的影响因素有政治、经济、技术等多个方面(表 3-10),它们或独立或复合作用于街廓尺度。

表 3-10　街廓尺度的影响因素

政 治 统 治	宗 教 文 化	法 律 法 规
古代中国闾里制:"闾里"作为一种严格的行政管理单元,目的在于方便管理与军事防御,因此城中闾里单元数目不多,尺度相对较大,闾里之间的交流不便,后期受到商业活动冲击开始松动	宗教礼制:宗教是前工业城市的基础,所以我们也可以说,所有前工业城市都有其宗教性的一面。它们的物质组织形式表现出一种刻意的宗教仪式特点,由教会提出具体指示	美国《国家土地条例》:《国家土地条例》将美国绝大多数城市的基础结构定为网格,在法规的作用下,这种模式遍布整个大陆,同时一些传统城市如波士顿,在新区的建造时也严格遵照了这种标准
洛阳南 74 坊,严格控制尺度 500 m×500 m 	罗马老城,宗教仪式感明显 	曼哈顿中城,严密的方格网 70 m×150 m

资料来源:整理自肖亮《城市街区尺度研究》。

1)政治因素

政治因素主要体现在统治阶级管理民众的方式,还包括为管理和教化民众而寻找的宗教、礼制等工具。城市发展的每个历史阶段无不受到政治因素的影响,有些阶段甚至是决定性影响,如莫里斯认为,所谓规划的政治对城镇形态曾有过决定性的影响。

对于街廓尺度来说,政治因素最明显的表现是在古代中国。在西周"营国"制度基础上产生的闾里制度,作为一种严格的政治管制的基本单元,影响中国城市街廓逾 1500 年。当时上至都城,下至州、府、县,概莫能免。为了方便管理,城市中间里数目有限,最多的隋唐洛阳不过 300 个,小的城市甚至全城仅分成 4 个闾里,因此单个闾里的尺度很大,这也是中国古代城市街廓尺度远大于同期西方城市街廓的根本原因。

而西方由于宗教文化以及法律法规的规定,自身的街廓形制受到一定的约束,如罗马老城呈现出来明显的宗教仪式感,美国曼哈顿中城遵守《国家土地条例》形成严密的 70 m×150 m 的方格网。

2）经济因素

（1）经济制度——以中国发展为例（图 3-34）

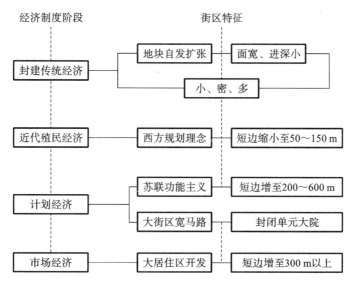

图 3-34　经济制度对街区尺度的影响图示——以中国发展为例

（资料来源：整理自肖亮《城市街区尺度研究》。）

　　经济的发展导致城市各组成部分功能的变化，加剧城市功能与城市形态之间的矛盾，从而催生城市形态的变化，进而影响到街廓尺度的变化。商品经济越发达，街区越需要比较小的二维尺度，这有利于地产增值和创造更多的商业利益（图 3-35）。

图 3-35　经济发展与街廓尺度

（资料来源：改绘自王昭《城市小尺度街区研究》。）

　　商业利益是街廓尺度的决定因素之一，甚至可以说，它是影响近现代城市街廓尺度最基本、最直接的动力因素之一（另一个是交通）。商业利益是同临街面长度直接相关的。我们可以轻易地发现：假如一个大街廓的临街面总长度是 4 m，将其分成 2、4、8、16 份后，各份相加得到的临街面总长度依次为 6 m、8 m、12 m、16 m。因此，为了追求尽可能多的临街面，人们总是将街廓划分得比较小，这种情况在城市核心区尤其明显。像这样的例子比比皆是，如美洲殖民地城市最初的小方格网规划方法，以及中国上海旧租界初期形成的边长四五十米的小街区。

（2）开发成本

在计划经济条件下，不存在土地市场，道路与土地是两种完全独立的城市供给，满足不同的需求，前者唯一的目标就是满足交通需求，后者则是服务于土地的使用功能。对于交通需求来说，道路上的阻抗越小、通行能力越大越好，因此，道路要尽可能宽，交叉口要尽可能少；对于土地需求来说，内部选择越大、外部干扰越小越好，因此，街区要尽可能大，穿越要尽可能少。根据这一规划原则，我国微观道路——用地结构深受苏联规划思想的影响，采用大街区、宽马路的做法。这是因为计划经济条件下，土地是没有价值的，道路的功能不是带动土地最大限度地升值，而是解决交通问题。而大型封闭居住区的提出，更加强化了这种路网结构。

但是，在市场经济条件下，存在着土地市场，道路和土地是作为统一的供给要素提供给使用者的：需求者之所以购买城市土地，是因为交通等城市基础设施的存在；供给者之所以提供道路，是因为其可以从土地市场上获利。换句话说，道路等基础设施的投入，要通过土地增值得到回报。道路的效率是通过土地的价值体现的。在这里，道路和用地的供给评价标准就不再是相互独立的，而是相互关联的：道路和街区不是越大越好，而是如何用最小的道路投入获得最大的土地产出。道路投入的最终目的是土地的升值，更好的交通只是实现这一目的的中间手段。

这样就形成了两种完全不同的道路系统供给方式：根据我国现有的城市道路设计要求，干道道路间距可以达到 700～1200 m，即使在小城市，干道网间距也要达到500 m 左右。由于支路不断被大型居住区封闭或改变为街区内部道路，实际上单一的干道网系统构成了城市路网的主要骨架，这就形成了计划经济国家特有的城市路网—街区结构：宽道路—大街区—稀路网（图 3-36）。

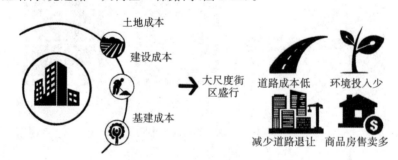

图 3-36　开发成本与街区尺度

3）技术因素

交通对于街廓尺度的影响是显而易见的。交通技术的发展和人的交通方式的改变，影响了整个城市的结构、形态和尺度，也是影响街廓尺度最基本、最直接的因素（图 3-37）。

以步行为主要交通方式的城市，街廓的尺度一般很小。从古希腊到文艺复兴时期，城市街廓的尺度都在百米之内。与小街廓相伴的丰富细密的路网结构使人出行城市交通决定城市空间，城市空间又决定城市交通。

2. 通勤电车火车时代（定向带状扩张）-------尺度 150 m 左右

1. 步行马车时代（紧凑的同心圆）-------尺度 100 m 以内

3. 消费型汽车时代（郊区化蔓延形态）-------尺度 200 m 以上

4. 高速公路时代（更松散的城市化区域）------尺度 200 m 以上

交通技术对城市形态的影响------交通方式更新导致街区尺度增大、景观粗糙-----道路布局影响街区形状

图 3-37　技术因素与街廓尺度

时可选择多条路径，而不至于像今天一样为了到达原本很近的地方却不得不围着一个大街廓绕上一大圈。马车大规模进入城市交通领域后，过于狭窄且多交叉口的路网不敷使用，于是巴洛克时期改造的路网以及新区路网的尺度都有所增大，街廓的尺度也随之增大。

汽车的使用在很大程度上主导了如今的街廓尺度。汽车交通的特点是速度快，交叉点尽量少。英国新城运动中的研究发现，1000～1500 m 是城市干道的合理间距，因此现代城市的干道网结构被基本确定。然后由于交通可达性、道路分级、沿街出口、单位及小区规模等因素的影响，干道之间一般又有 2 条或 3 条支路，这些支路就确定了标准的城市街廓尺度约为 200 m，远比古代街区大。

可以看出，影响街廓尺度的因素很多，涉及领域也很广。同时，不同城市中的主导影响因素也不相同，在实际操作中还需具体问题具体分析。只有认识到街廓尺度影响因素的复杂性和城市的现实性与未来发展趋势，才能制定合理可行的街廓尺度发展策略。

3.2.4　街廓尺度的量化分析

街廓尺度判定特征一般从定性和定量角度出发，定性的方式包括街廓场所氛围认知和街廓情感判断等，定量的方法是衡量街廓平面构成大小（图 3-38）。

1. 街廓尺度的定性分析

一些学者从社会生活方面来研究街廓尺度的大小，罗小强、蔡辉（2012）的研究表明，当道路间距在 200 m 以内时，较易形成具有浓郁生活气息的空间环境；当道路间距大于 650 m 时，则较难形成对人类交往空间需求的支持。从适应社会结构和满足居民生活需求特征出发，考虑公共领域与私人领域的界限，国内外的研究与实践证明，符合居民行为心理特征的街区最大规模应小于 4 hm² 或 500～1000 户，算下来路网的间距大概在 200～250 m。

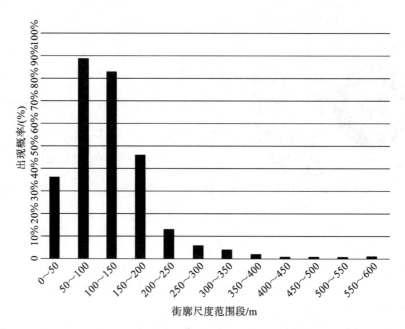

图 3-38　各街廓尺度范围段出现概率的统计结果(主要集中在 **200 m 以内**)

(资料来源:改绘自黄烨勃、孙一民《街区适宜尺度的判定特征及量化指标》)。

　　一些学者从人体感知与生理认知的视角对街廓适宜尺度进行研究:①生理认知角度,相关学者认为,130～140 m 是人正常视野半径的极限,超过这一距离,便很难辨别其他人的生理特征;②行为能力角度,在日常情况下保持心情愉悦的步行距离为 300 m,可以接受 800 m,可以忍受的最大步行距离为 2000 m;③感觉距离角度,人对距离长短的感知受主观因素影响,如果一条长 300 m 的街道在主观上被人认为单调无趣,也会使人感觉很长。

2. 街廓尺度的定量分析

　　街廓尺度的定量分析参见图 3-39。

3. 既有街廓的统计分析

　　黄烨勃、孙一民(2012)对国外 90 个大城市中心区街廓尺度进行了统计和对比分析,确定了街廓适宜尺度的量化指标,在城市设计中对街廓适宜尺度的选择应倾向于把街廓的合理规模尺度控制在 200 m 以内;同时,结合我国城市建设中街廓尺度普遍趋大的现实与规划实际情况考虑,这一尺度范围控制在 150～200 m 更为恰当。

　　对重庆历史街区、居住区、商业区和行政区的典型街廓尺度统计分析的结果表明(图 3-40):历史街区主要是以步行为基础,其尺度相对较小,在 50～200 m;商业区为了获得较大的沿街面,尺度保持在 100～250 m;居住区和行政区的街区尺度较大,居住区为大尺度封闭式街区,尺度在 150～400 m,而行政区的街区尺度在 200～400 m。

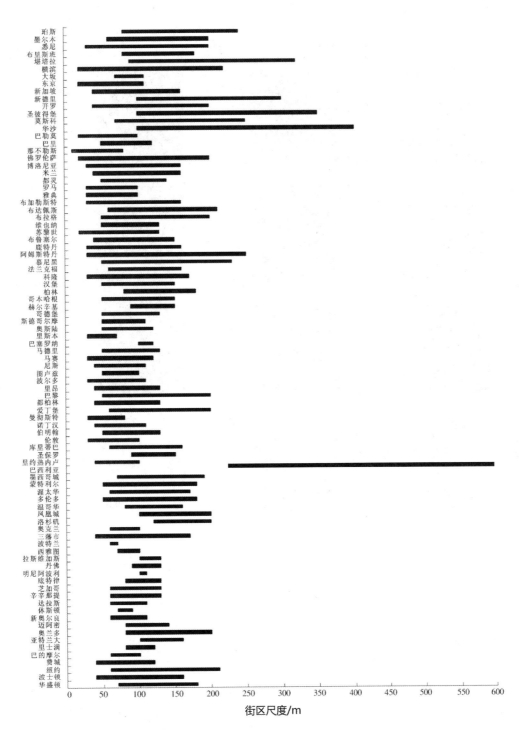

图 3-39　国外大城市中心区街区尺度统计

（资料来源：改绘自黄烨勃、孙一民《街区适宜尺度的判定特征及量化指标》。）

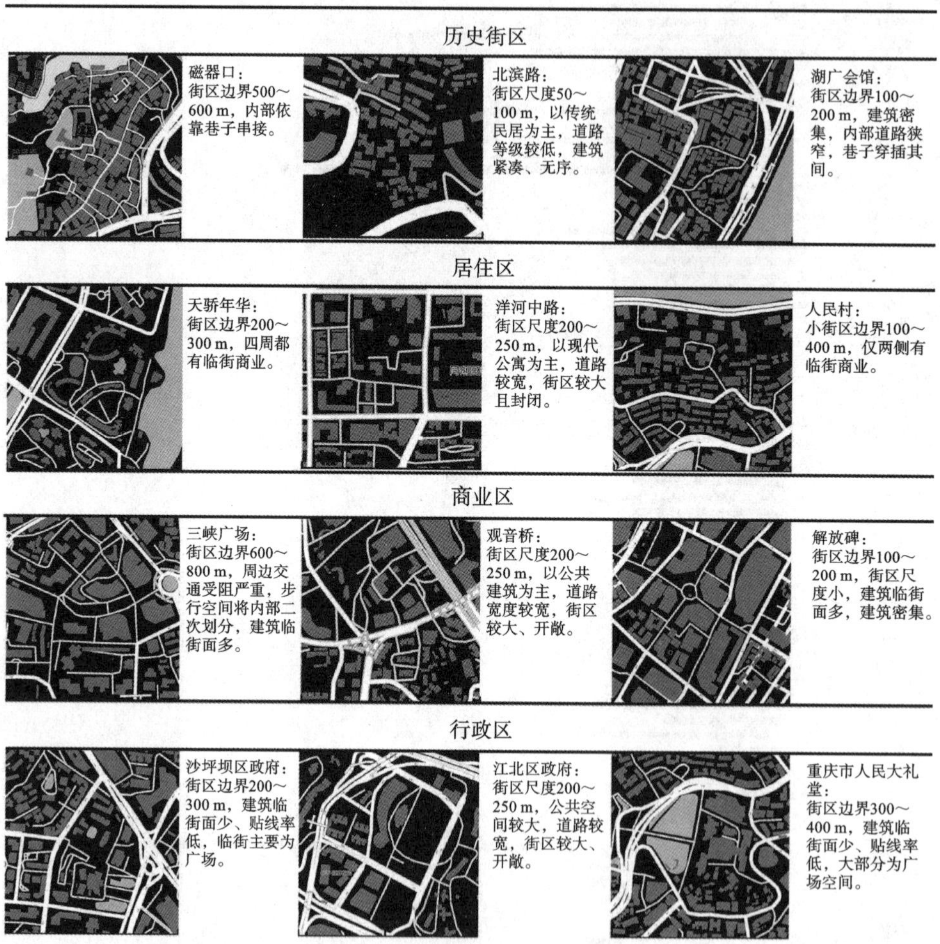

图 3-40　街区尺度分析——重庆

（资料来源：整理自陈代俊《重庆历史城区空间形态类型特征与基因解析——基于街区和建筑的尺度》。）

4.城市交通视角分析

　　一般而言，小街区路网较大街区路网有更高的交通效率，但需要说明的是，加密路网并不是解决我国城市交通问题的唯一方法，一些调研和仿真的研究表明，过密的路网反而会影响交通效率。叶彭姚、陈小鸿（2008）的研究表明，随着路网密度的增加，路网的最大运行效率指标也随之增大，然而当路网密度过高时，最大运行效率指标反而会下降。理论上存在一个最佳的路网密度，使交通容量和服务水平综合性能达到最优。该研究虽然没有明确指出最佳路网密度的确切数值，但从其提供的图表数据来看，最佳路网间距大体在 200 m。

　　覃鹏、朱方方、王正（2016）通过对城市中心区大街区与小街区交通效率的比较分析,得出高密度路网不仅可以降低路网交叉口处车均延误和车均停车的概率,而且还可以提高路网车流平均速度和扩大路网容量,从而得出结论:高密度路网(即小街区路网)的交通效率总体上要优于低密度路网(即大街区路网)的交通效率。因此,建议新建城市或者改建城市在进行城市交通规划(尤其是城市干路网)时,不宜盲目追求宽而疏的城市道路网,而是要根据城市的相关实际情况,在满足容量的前提下尽量布置窄而密的高密度路网,保证城市交通系统具有更高的效率。

3.2.5　街廓内建筑的组合方式

建筑空间最本原的构成要素是建筑实体和空间,空间总是由建筑实体围合而成,因此我们研究街廓的元素构成方式时需要认识街廓内建筑实体的组合方式(图3-41)。

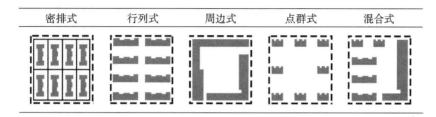

图 3-41　街廓内建筑实体的组合方式

(资料来源:描绘自肖亮《城市街区尺度研究》。)

1.密排式

密排式建筑彼此紧贴建造,基本不留间隙,单体建筑独立性强,常见于大型公共建筑所占有的街廓。

2.行列式

行列式建筑成排布置,彼此间空间较多,形态单调,常见于现代多层住宅区。

3.周边式

周边式建筑沿街廓周边布置,在街廓内部形成各自独立或共有的内院,欧洲城市内城区与中国北方城市常常采用这种布局方式。

4.点群式

点群式建筑呈点状布置,灵活性强,但空间松散,缺乏内聚力,常见于现代高层街区。

5.混合式

混合式为以上几种形式的结合或变形,呈拼贴效果,这种布局方式适应性较强,在新旧城区的街廓中都能见到。

3.3 空 间 界 面

3.3.1 空间界面的定义

界面,就字义上来说,指限定某一领域的面状要素。相较于空间来说,界面是实体与空间的交接面。作为一种特殊的物质形态构成要素,一方面,界面是实体要素的必要组成部分;另一方面,界面与空间相互依存、相伴相生(图 3-42、图 3-43)。

图 3-42　空间与实体的互逆

(资料来源:描绘自芦原义信著、尹培桐译《外部空间设计》。)

图 3-43　界面与空间依存关系

(资料来源:描绘自芦原义信著、尹培桐译《外部空间设计》。)

3.3.2 空间界面的构成

空间之所以存在,主要原因在于有物质形体的界定。一般而言,界定空间的界面可分为三种类型,即底界面、侧界面和顶界面(图 3-44)。

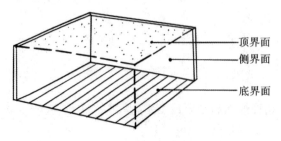

顶界面
侧界面
底界面

图 3-44　空间界面的构成

(资料来源:自绘。)

1. 底界面

底界面是空间水平方向的下垫面,起着组织人们活动、划分空间领域和强化视觉效果的作用,其质感、色彩、尺度、高差等要素为人们提供了大量的信息,是人们接触最密切的一种界面。底界面一般可分为硬质界面和软质界面,硬质界面有铺地、台阶、斜坡等,软质界面有水基面、植物基面等。

底界面的构成要素包括铺地、绿化、环境小品等,如某街道的底界面,从左到右分别为人行道及环境设施、车行道、绿化带、人行道及环境设施(图 3-45)。

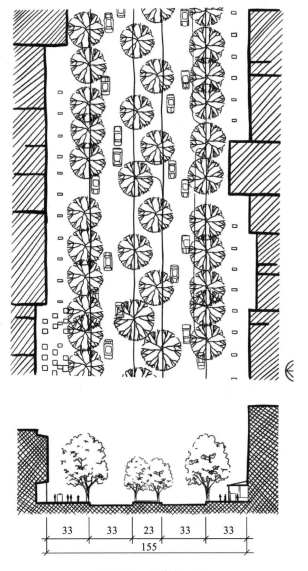

33　33　23　33　33

155

图 3-45　街道底界面

(资料来源:改绘自阿兰·B.雅各布斯著,王又佳、金秋野译《伟大的街道》。)

2. 侧界面

侧界面是围合空间的竖向物体,对空间形成至关重要,其尺度、色彩、质感、围合程度等影响着人们对空间的感受,其功能配置、围合状态等影响着空间的活力。侧界面的构成要素一般包括街墙、高层塔楼、顶部轮廓。如图 3-46 所示,某街道的侧界面,裙房和多层建筑连续整齐地排列,形成街墙,对街道空间的形成起着决定性作用,后退的高层塔楼虽然没有形成连续的面,但因其体量高大,对街道空间的围合也起着重要的作用。街道一侧的建筑高高低低,形成起伏多变的侧界面顶部轮廓线,丰富了街道的视觉景观。

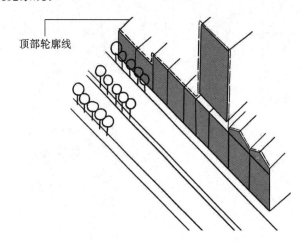

顶部轮廓线

图 3-46　街道侧界面示意图

资料来源:改绘自阿兰·B.雅各布斯著,王又佳、金秋野译《伟大的街道》。)

3. 顶界面

顶界面与底界面相对应,是空间水平方向的上部天空面。略有不同的是,底界面通常是偏向二维的平面(山地环境中也有高低错落的底界面),顶界面则是透过空间侧面建筑所看到的天空(因此也称之为天空可视域)。天空是立体的,同一个空间环境中,在不同的方位从不同的角度看到的天空可能略有差别(图 3-47)。与侧界面、底界面相比,顶界面是最容易被忽视的,但事实上,大量研究表明,天空可视域对空间环境与视觉景观起着重要的作用。因此,合理的顶界面塑造可以营造适宜的空间尺度,形成精致的空间环境。

3.3.3　空间界面的控制要素

下面以街道为例,介绍城市空间界面主要的控制要素。街道是城市物质形态的骨架,与人们的生活息息相关。街道空间的形成依赖于两旁建筑界面的围合。从狭义来看,街道界面即沿街两侧的建筑界面;从广义来看,则街道界面包含形成街道空间的侧界面、顶界面、底界面,以及附着其上的广告牌、绿化和各种街道设施。

图 3-47　街道的顶界面示意图

(资料来源:改绘自阿兰·B.雅各布斯著,王又佳、金秋野译《伟大的街道》。)

1.基于城市形态研究视角的测度参数

1)界面密度

界面密度表征的是街道界面在水平方向的密集程度。作为街道空间形态描述的重要指标之一,它客观地反映了街道空间的连续与间隔。沈磊、孙洪刚在《效率与活力——现代城市街道结构》一书中指出:"界面密度是指某段街道一侧的所有后退道路红线距离小于高度的三分之一的建筑(含围墙、栅栏)的投影面宽总和与该段街道的长度之比。"周钰、赵建波、张玉坤在《街道界面密度与城市形态的规划控制》一文中提道:"界面密度是指街道一侧建筑物沿街道投影面宽与该段街道的长度之比。"

结合来看,两个文献对"界面密度"参数的含义表述较为一致,只是后文在具体应用时,对界面的计算范围有更为详细的规定。综合来看,在简化垂直维度的地形高差与建筑高度等因素后,界面密度是指街道一侧建(构)筑物沿街道投影面宽之和与该段街道的长度之比(图 3-48)。界面密度 D_e 的计算公式如下:

$$D_e = (W_1 + W_2 + W_3 + \cdots + W_n)/L * 100\% \tag{3-7}$$

式(3-7)中,W 为建(构)筑物沿街道投影宽度(m),L 为街道的长度(m)。

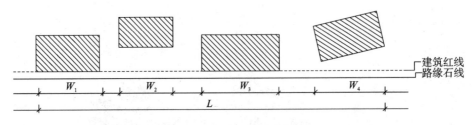

图 3-48　界面密度测算

（资料来源：描绘自周钰、吴柏华、甘伟等《街道界面形态量化测度方法研究综述》。）

这里有一些问题需要讨论：一方面，如何界定街道一侧的建筑？后退道路红线多远之内的建筑算一侧的建筑？沈磊、孙洪刚的界定是后退道路红线距离小于高度的三分之一的建筑，那是否还要考虑街道宽度的大小？另一方面，哪种构筑物可以纳入计算范围？都算还是仅计算有一定高度的实体构筑物？从空间形成与空间感知的角度来看，有体量感的构筑物应该都要纳入考虑范围之内，或许可以根据构筑物的通透程度，赋予一定的权重。

界面密度需要达到一定的量，街道空间的感受才能形成，阿兰·B. 雅各布斯所述的"在街道边界的限定方面，还有一个特别重要的因素：沿街建筑的间距……紧密的建筑间距往往能够比松散的布局更易带来清晰的街道空间限定感"。《伟大的街道》一书更是强调"我们所讨论的所有伟大街道，无一不是边界清晰的"。因而，建筑界面的围合对街道空间的形成起着至关重要的作用。有研究表明，街道界面密度可作为衡量街道空间品质的重要参考指标，界面密度保持在 70% 以上是形成优秀街道空间的必要条件。《伟大的街道》一书中关于界面密度的统计数据如表 3-11 所示。

表 3-11　《伟大的街道》关于界面密度的统计数据

街道名称	街道宽度/m	界面密度/（%）
匹兹堡罗斯林大街	9.1	82.0
罗马朱伯纳里大街	5.2～15.2	91.8
哥本哈根步行街	11.0～27.4	89.4
巴塞罗那格拉西亚大道	61.0	81.7
艾克斯米拉波林荫大道	45.7	92.1
巴黎蒙田大道	38.4	80.7
巴黎圣米歇尔大道	29.9	76.7
巴黎香榭丽舍大道	69.8	82.8
罗马科尔索大道	11.0	86.0
巴塞罗那兰布拉斯大道	28.3～32.3	88.2
里士满纪念碑大道	39.6	71.6

资料来源：改绘自阿兰·B. 雅各布斯著，王又佳、金秋野译《伟大的街道》。

2)贴线率

贴线率,又称建筑贴线面宽率,作为描述沿街建筑立面连续性的量化概念,其作用是提升沿街侧界面整齐程度与围合感(图 3-49)。从城市设计的角度考虑,很多时候不仅要求沿街建筑退线在一定的范围内,出于对城市空间形态的把握,有时也会强制性地提出界面贴线的要求。

一般而言,街区长度范围的概念实际上包含了街廊中的非可建设区域,而贴线率是指,贴建筑控制线建设的建筑面宽之和占该街廊建筑控制线长度的比值,描述的是临街建筑在街廊中的贴线程度。贴线率的计算公式如下:

$$贴线率 = (W_1 + W_2 + \cdots + W_n)/L \cdot 100\% \tag{3-8}$$

式(3-8)中,W 为贴建筑控制线建设的建筑面宽之和(m),L 为街道的长度。注意,后退建筑控制线布置的建筑面宽不能计算在贴线建筑面宽内,如图 3-49 中 W_3 就不能计算在贴线建筑面宽内。

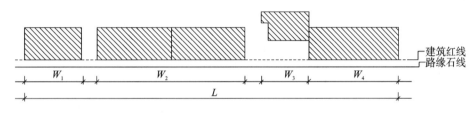

图 3-49　贴线率示意图

(资料来源:描绘自周钰《街道界面形态的量化研究》。)

统一建筑街墙退线的距离和提高贴线率有利于塑造强烈的街道空间感。首先,建筑退后街道不能太远,例如欧美的普遍标准是不多于 25 ft(约 7.6 m);其次,统一退线可提高贴线率,高贴线率容易形成连续的“街墙”界面。如一些城市街道的贴线率规定为 75%,《悉尼城市中心管理图则》的第一个规定就是“建筑沿街对齐”(表3-12)。

表 3-12　深圳的界面分类标准

界面类型	贴线率(%)	连续度
强质连续界面	80 以上	连续感强,街道封闭感与围合感强
弱质连续界面	50~80	有一定连续感,建筑物与建筑物之间有一些空地
非连续界面	50 以下	孤立的单幢建筑物为主

资料来源:深圳市城市设计标准与准则基础研究报告。

3)建筑整齐度

在国外涉及街道界面形态的相关研究中也出现了类似贴线率的参数算法。例如,由葡萄牙学者奥利维拉(Oliveira)提出的城市形态量化评价方法 Morpho 中的参数“alignment of buildings”被译为“建筑贴线率”,亦有学者将其译为“建筑平行度”;

而美国学者哈维(Harvey)提出的基于 GIS 技术平台的街道界面识别参数也被译为"建筑贴线率";国内学者在此基础上发展的最大切面法参数也被命名为"建筑贴线率"。但几种算法却不尽相同。"alignment of buildings"的含义为"沿街占主导性的整齐建筑界面与所有建筑界面的比值",分子与贴线率相近,而分母则明显不同。其分母为所有沿街建筑界面,而不是街道长度或地块沿街红线长度。可将其称为"建筑整齐度",以示其与贴线率的区别。

奥利维拉所发展的 Morpho 方法将城市形态分析对象简化为街道、用地单元和建筑,在此基础上发展出 7 个量化指标,以求用最少数目的变量来系统地测度城市的物质形态特征。Morpho 方法通过整合分析,可综合表征城市形态的"城市性"(urbanity)——更易促生城市空间活力的城市形态基质。其中,更高的"建筑整齐度"将带来更高的"城市性"。

美国学者哈维首次提出运用 GIS 平台技术工具构建街道界面形态识别参数的方法。该参数致力于表征街道墙的连续性。将该方法运用于美国城市时,其计算结果与国内贴线率的计算结果基本类似。但由于中国城市的街道界面多有凹凸变化,将该方法运用于国内城市时,其计算方式更类似于界面密度的算法。在此亦可见中西街道界面形态的差异给量化测度带来的复杂性。

4)近线率

由于我国城市的街道界面普遍具有凹凸错落的形态特征,而已有的"界面密度"与"贴线率"参数均不能有效地对这一特征进行描述(图 3-50)。因而有研究提出"近线率"参数,以表征街道界面贴近或远离街道边界的程度。该参数引入心理物理学研究方法,力求在有效表征街道界面凹凸错落程度的物理形态特征的同时,也有效反映出人对此的心理认知。近线率 N 的计算公式如下:

$$N = \frac{1}{L}\int_{b}^{b+L}\frac{a}{f(x)}dx \tag{3-9}$$

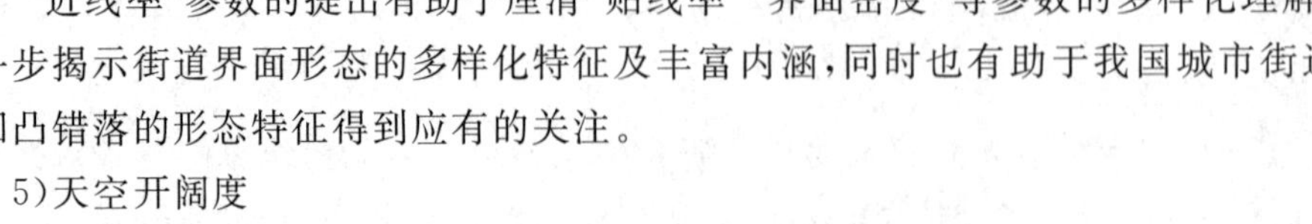

图 3-50　近线率测算

(资料来源:改绘自周钰、吴柏华、甘伟等《街道界面形态的量化测度方法研究综述》。)

"近线率"参数的提出有助于厘清"贴线率""界面密度"等参数的多样化理解,并进一步揭示街道界面形态的多样化特征及丰富内涵,同时也有助于我国城市街道界面凹凸错落的形态特征得到应有的关注。

5)天空开阔度

天空开阔度(sky view factor,SVF),是指对于某特定观察点而言,其可见天空相对于该点完整天空半球的比率(图 3-51)。近年来,研究者相继提出几何分析法、投影计算法、GPS 计算法、球面计算法、阴影计算法等方法计算天空开阔度。欧克(Oke)提出了基于街道峡谷特性的简单几何空间的天空开阔度计算公式,欧克首先定义了街墙视域因子,即在街道峡谷中观察点发出的辐射被街墙所吸收的部分占其发出的总辐射的比例。街墙视域因子 ψ_w 的计算公式如下:

$$\psi_w = (1 - \cos\theta)/2 \tag{3-10}$$

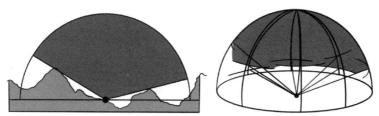

黑色原点表示观察点, 浅灰色部分表示障碍物, 深灰色部分表示天空可视部分

图 3-51 天空开阔度示意图

(资料来源:改绘自周钰、吴柏华、甘伟等《街道界面形态的量化测度方法研究综述》。)

式(3-10)中,$\theta = \tan^{-1}(H/0.5W)$,$0.5W$ 即街道中心线到街墙的距离。

则天空开阔度 ψ_{sky} 的计算公式如下:

$$\psi_{sky} = 1 - (\psi_{w1} + \psi_{w2}) \tag{3-11}$$

归一化后的天空开阔度值域为 $0\sim1$,0 表示天空完全被遮挡,1 表示无任何遮挡。天空开阔度近年来多被用于城市热岛、人体热舒适研究,亦被用作描述街道峡谷形态,是控制街道、小区等局部城市环境形态的重要指标(图 3-52)。

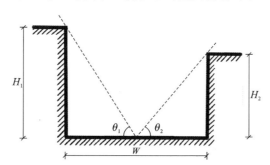

H 为街道高度, W 为街道宽度, θ 为仰角

图 3-52 天空开阔度示意图

(资料来源:改绘自周钰、吴柏华、甘伟等《街道界面形态的量化测度方法研究综述》。)

6)天空曝光面

天空曝光面(sky exposure plane)源于 1916 年美国的区划法,其目的是对沿街建筑界面进行有效控制。1912 年美国建筑师威廉·阿特金森(William Atkinson)提出的建筑高度控制概念中首次采用曝光面控制法,用一个虚拟的倾斜平面形成建筑控制面以保证街道采光。这一概念在一定程度上影响了之后的建筑高度控制法案。1916 年美国纽约市提出了全美第一个区划法,其中规定街道宽度和街道墙的比例应在 1:2.5～1:1。其主要意图是对沿街建筑界面进行有效介入并控制摩天大厦高度的无序增长。该方法把街道中点与街道墙的顶点连成一条天空曝光面的控制线,街道墙以上的立面可以形成台阶状后退或一个斜面,斜面的斜率由街道宽度决定。当建筑沿街体量横切这个面时,需要退让保持建筑在这个面之下,从而保证阳光能照到街道中(图 3-53)。

这一方法对街道界面形态与城市天际线都产生了重要影响,纽约曼哈顿由此产生了很多退台式的高层建筑。

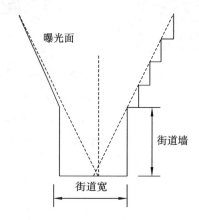

图 3-53 街道天空曝光面控制图

(资料来源:改绘自周钰、吴柏华、甘伟等《街道界面形态的量化测度方法研究综述》。)

2. 基于空间认知研究视角的测度参数

1)宽高比

日本建筑师芦原义信曾用一段话引出街道的宽高比:"城市比之周围环境,一般密度较高而结构化,对周围的'背景'来说带有'图形'的性格。住宅区街道与建筑的关系也是同样,当把建筑物的外墙作为面来看时,街道也可能带有'图形'的性格。"而奥地利建筑师卡米诺·西特也曾在《城市建设艺术》一书中谈及广场宽度与周围建筑高度的比例是创造美好的城市空间的原理之一。

街道宽高比,顾名思义,就是街道宽度 D 与沿街建筑高度 H 之间的比值;广场宽高比,是广场宽度 D 与广场周边(主要)建筑的高度 H 的比值。D/H 值是决定街道空间尺度的重要元素,是人们体会街道亲切或壮观的重要量化指标(表 3-13)。

表 3-13 建筑高宽比分析

D/H 关系	垂直视角	视觉特征
$D/H=1$	45°	人眼平视、可辨清界面全高的极限值,观察时吃力。此时人的注意力集中于界面的细部,空间具有很好的封闭感

续表

D/H 关系	垂 直 视 角	视 觉 特 征
$D/H=2$	27°	这个角度正好是人眼视野的正常垂直角,是观察整个界面的最佳视角,并且是对空间产生封闭感的下限界线
$D/H=3$	18°	观看者可以看清实体的整体及其背景,空间封闭感较差
$D/H=4$	14°	虽可看清空间界面的全貌,但有分开的感觉。空间失去封闭感,具有开放性
$D/H=5$	11°20′	观察到的是高低错落的界面空间的外轮廓关系,其相互关系更显得松散

资料来源:自制。

芦原义信在《街道的美学》中运用空间理论来分析街道的尺度,他认为当 $D/H=$ 1～2 时(图 3-54),是比较合理的比例关系,空间尺度较为亲切。

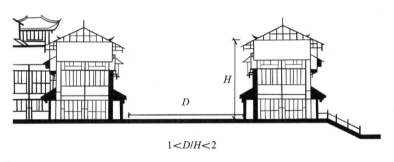

$$1<D/H<2$$

图 3-54　适宜的街道宽高比

(资料来源:自绘。)

2)开敞度

法国一直都有控制沿街建筑立面的传统。早在 19 世纪后半叶奥斯曼男爵主持巴黎改造工作时,就对沿街建筑的檐口高度、屋顶坡度进行了严格的规定。奥斯曼造就了一个整齐划一的巴黎,这也遭到了一些批评和质疑。批评者认为将建筑设计严格地限定在一个框架之内是一种规划霸权,由此形成的城市景观缺乏变化,没有人情味。因而在 1902 年,巴黎重新制定的建设管理规定加大了建筑设计的自由度,但其对建筑檐口高度以及屋顶的空间范围仍进行限定,只是在建筑设计中可采用顶层退让的方式来满足规范要求,从而形成较为多样的建筑外观。

此后,随着社会经济的发展,法国的规划法规对于沿街建筑立面的控制虽然经历了一些变化,但总体上仍然具有明确的延续性。另外,法国非常注重对历史老城的保护。1962 年颁布的《马尔罗法》为法国确立了"保护区"的概念。它的基本内容是确定各种公共角色和私人角色在历史建筑保护区中的权利和义务,促进双方共同参与保护区的更新发展。这部法律真正将建筑遗产的保护与城市的发展结合了起来。除了"保护区"受到严格保护,在城市的一般地区还有被土地利用规划保护的特殊地区。在这些特殊地区中,建筑退界、沿街界面、屋顶、材料和色彩等都受到严格的限定,建筑与街道的空间关系受到高度重视。

例如,在法国圣·安东尼街区的土地使用规划中,新建建筑须后退道路中心线6 m。对于该地区为数众多的窄小街道,这一规定破坏了沿街界面的连续性,因此,新的规定根据现有沿街界面来确定新建筑的退界。

开敞度可以视为界面密度的对应物,理论上,一条特定街道的一侧,开敞度和界面密度之和等于1。如图3-55,开敞度的计算公式如下:

$$K = (B_1 + B_2 + B_3 + \cdots + B_n)/L \cdot 100\% \tag{3-12}$$

式(3-12)中,K 为界面开敞度,B 为街道侧面没有被物理阻隔的界面长度(m),L 为街道长度(m)。

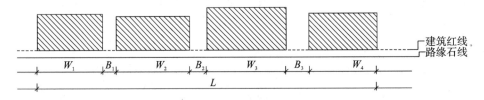

图3-55 开敞度测算示意图

(资料来源:周钰《街道界面形态的量化研究》。)

没有一个合理的开敞度可以表明街道的优劣,对于一般商业性街道而言,开敞度越小(界面密度越高),街道的商业氛围越强;而对于一些处在敏感地段如临山滨水地带的街道界面而言,有时为了显山露水,需要保持一定的开敞度,以利于在街道和环境之间建立空间联系。

上述算法主要基于街道界面物质形态层面的量化描述,而与人的视觉感受可能存在差异。钮心毅与徐方基于GIS的可视性分析,提出以通视率和平均遮挡距离为核心的评价指标,实现对建成环境空间开敞度的定量评价。当观察者的方位角为 α 时,单一观察点单一方向的通视率 l_a 的计算公式如下:

$$l_a = \sum_{i=1}^{n} f(O, P_i)/n \times 100\% \tag{3-13}$$

式(3-13)中,O 是观察点,P_i 是视野面上的任一点,n 表示组成视野面的点阵总数。$f(O, P_i) = (0, 1)$,当点 O 与点 P_i 通视时为1,不通视时为0。通视率 l_a 越大,表示二维视觉影响越小,视觉体验越开阔。平均遮挡距离 D_a 的计算公式如下:

$$D_a = \sum_{i=1}^{k} \times \sqrt{(x_O - x_i)^2 + (y_O - y_i)^2 + (z_O - z_i)^2}/k \tag{3-14}$$

式(3-14)中,x_O、y_O、z_O 是观察点的三维坐标,x_i、y_i、z_i 是遮挡点 i 的三维坐标,k 表示遮挡点的总数。平均遮挡距离 D_a 越大,表示三维视觉影响越小,视觉体验越开阔。

3)绿视率

近年来随着对城市生态环境及绿地系统研究的不断深入,针对三维绿量的测定研究成为新的研究趋势。绿视率作为一项科学有效的三维绿量指标,逐渐在城市绿化设计研究中体现出其合理性与精确性。

1987 年日本学者青木阳二正式提出"绿视率"概念,其表示人的视野中绿色所占的比例。他提出这一物理量是从人对环境感知方面考虑的。这一理念后由日本环境心理学研究专家大野隆造进一步完善、拓展。2005 年,日本国土交通省发布社会调查研究成果,首次认可 25% 以上的绿视率能给市民绿化较好的感受,因此绿视率在 25% 以上成为许多城市绿化建设的目标。在实际研究中,通常借助摄影手段,选取拍摄取样点,从垂直于街道的方向对所选对象进行拍摄。之后对取样的景观照片进行绿化信息简化,将人体视域近似为一个圆形,绿化面积占整个圆形面积的百分数就被称为绿视率。近些年也有学者摆脱了传统的实地拍摄图像的方式,开始基于计算机技术和多源城市数据展开研究,在技术上实现了在大规模分析的同时保证高精度结果。

绿视率与人体生命健康关系密切,绿视率小于 5% 的地区中患有呼吸系统疾病的死亡率比绿视率大于 25% 的地区高。且不同面积的绿化会给人带来不同的心理感受,绿视率的提高对于纾解人的压力具有显著作用。有学者指出,绿视率可作为一项重要的环境"迷人性"量化指标,且其对于人对街道的安全感知有显著的影响。2016 年发布的《上海市街道设计导则》中特别强调要通过多种绿植配置方式来提高街道绿视率。绿视率这一概念将对绿化的评价范围扩大到三维,并以将绿化信息简化为数字量化的方式,为城市街道绿化质量的评价提出了一个新的衡量标准,在体现城市绿化环境视觉质量的同时,进一步推进以人为本的环境设计理念。

4)视觉熵

熵是用于描述一个系统内部混乱程度的概念。近年来,有学者用视觉熵(visual entropy,VE)来描述人眼对视觉信息复杂程度的主观度量。其计算方式为:当视觉对象中有 n 个边界明确的单元,第 i 个单元出现的概率为 $P_i(i=1,2,\cdots,n)$,则其信息量可记为 $H_i=-P_i\lg P_i$,而由 n 个单元构成的视觉对象整体的总信息量则可记为 $H=\sum_{i=1}^{n}P_i\lg P_i$,该值即为视觉熵。在街道景观分析中,视觉熵可反映出街景中吸引人的细节和人的视觉偏好。

3. 基于环境心理研究视角的测度参数

1)界面透明度

街道界面透明度是指各街段中具有视线渗透度的建筑界面水平长度占建筑界面沿街总长度的比例(图 3-56)。研究表明,街道底层界面对街道活力有重要影响。扬·盖尔(Jan Gehl)提出,与街道界面的宽高比、高差等环境变量相比,街道底层界面的形态多样性对街道活动更具影响力。陈泳和赵杏花(2014)对上海市淮海路商业街的底层界面进行了研究,分析了临街区宽度、透明度、店面密度等因素对街道活力的影响。该研究指出,建筑底层临街面的透明度决定了街道与建筑、室外与室内活动之间的交流程度,是影响商业街活力的一个重要参数,活力良好的街道的底层界面透明度范围通常在60%~70%之间,并提出了具体的计算方式(表3-14)。

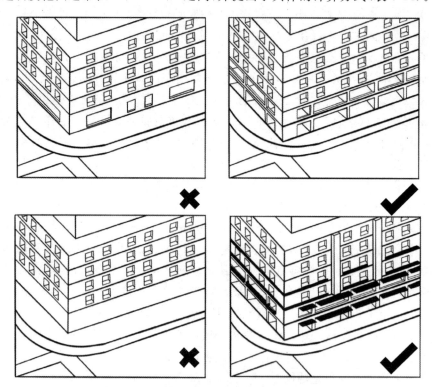

图 3-56　底层界面透明度示意

(资料来源:深圳市城市设计标准与准则基础研究报告。)

表 3-14　底层界面透明度的计算方式

界 面 类 型	特　　征	计 算 比 例
开放式店面(a 类)	可以直接进出的门面	1.25
透明门面(b 类)	视线可以深入室内的玻璃门	1
透明橱窗(c 类)	视线只能看到一定面积的橱窗	0.75
不透实墙(d 类)	包含平面广告在内的不透明实墙	0

透明度＝(a 类界面长度×1.25＋b 类界面长度×1＋c 类界面长度×0.75＋d 类界面长度×0)/街道的建筑界面沿街总长度

资料来源:根据陈泳、赵杏花《基于步行者视角的街道底层界面研究——以上海市淮海路为例》绘制。

2)店面密度

丰富的店铺功能和较多的店铺数量能够提高居民街道生活质量,对提升街道活力十分重要,通常用店面密度表征。店面密度指街段中每 100 m 长度内商业性店铺的数量。研究表明,"建筑底层的功能密度对于多样化的街道生活具有积极意义,反映了街道界面内在的'质'"。多样化的业态功能没有固定的模式和配比,只能在满足消费者需求的过程中不断调试,最终协调共存。陈泳和赵杏花的研究表明,当每 100 m 街段中有 7 个店面时,商业性活动量最大。可见,街道界面底层的店铺业态和数量对街道活力十分重要,适宜的店面密度能吸引人停留,促进商业活动的发生,为店铺增添活力。

3) 招牌密度

招牌密度是指街段中每 100 m 长度内的招牌数量。唐莲运用图示方法对街道界面标识(招牌)进行了相关研究,得出了界面标识的位置、长度、宽度、界面的功能和类型等因素对步行者行为的影响。招牌密度从一定程度上反映了街道上的商家广告量,是人们主观判断场所性质及感受的参数之一,对行人感受陌生空间起到较大的向导作用。

4) 灰空间百分比

"灰空间"的概念最早由日本建筑大师黑川纪章提出,其含义为介于室内与室外的过渡空间。在街道研究中,灰空间百分比是指各街段中建筑二层及以上出挑或建筑雨篷伸出的面积与街道总面积之间的比值,即灰空间百分比=街段内上空建筑面积/街段总面积×100%。

研究表明灰空间百分比与商业性活动呈正相关关系。沿街建筑的灰空间是否连续对于行人商业性活动以及沿街景观风貌都有较大影响。

3.3.4　空间界面的控制案例

1. 天津市解放北路历史文化街区街道界面的量化方法研究

天津市解放北路项目总结出了系统的量化研究方法和路径。在资料收集及实地调研的基础上,运用界面密度与贴线率相结合的参数量化方法以及芦原义信等发展的宽高比(D/H)描述方法量化分析街道界面,将其转化为参数描述。通过统计分析总结出街道界面特质,并以此为标准确定更新地块的参数指标。最后借鉴美国区划法中的"街道墙"概念,进一步将指标转化为简明的图则落实到地块层面,成为保护规划编制的一部分,以指导沿街地块的建筑更新。技术路线可概括为:调研分析—参数描述—特质总结—图则制订。

随着天津城市建设的快速发展,在最近十年的更新演化中,解放北路的街道界面已有较大变化。对于如何在不断的变化中把握住历史街区的特质,周钰研究的改造策略为:以沿解放北路的国家级、市级文物建筑及风貌建筑为重点研究对象,以 2000—2009 年间未进行建筑更新的街道区段为辅助研究对象,运用街道界面在水平维度上界面密度与贴线率相结合的参数描述方法,以及垂直维度上的宽高比(D/H)

描述方法,将界面属性转化为参数描述,以此来分析街道界面特质。

　　首先进行参数描述,计算界面密度、贴线率及宽高比;再根据实际统计进行特质总结,结合观察其市级文物建筑与风貌建筑,可得解放北路西侧绝大部分建筑高度为 15～25 m,而东侧建筑高度大多为 10～17 m。综合我国现行建筑规范,建议该历史街区沿街新建建筑高度规定为不得低于 10 m 且不得高于 24 m。

　　根据上述参数描述和特质总结,指定沿街建筑更新应遵循的参数指标包括:界面密度为 80%～100%,贴线率为 90%～100%,宽高比在 0.8～2.0,界面退线在 4 m 以内,建筑高度为 10～24 m,且应参照相邻建筑高度,确保街道界面的连续性。

　　下面就参数指标如何转化为图则以指导建筑更新,以如图 3-58 所示的 D 处地块为示范案例研究。D 处地块位于解放北路与大同道交叉口,两侧临街。因大同道位于历史街区内的范围较小,且最近十年有多处进行了建筑更新,所以不宜以其现有界面作为参照;而解放北路的街道界面在整个街区内具有代表性,因而地块两侧临街界面都可以作为参照标准。

　　D 处地块两侧建筑都是市级文物建筑,且高度都为 15 m,为保持街道界面的连续性,可规定新建建筑高度为 15 m(±10%)。地块沿解放北路一侧宽度为 50 m,当界面密度为 80% 时,界面沿街投影长度为 40 m。

　　当贴线率为 90% 时,因街道理想宽度 $a=20$ m,依据贴线率计算公式可得平均退线距离为 2.2 m。将数据转化为沿解放北路一侧的控制图则如图 3-57 所示。为鼓励建筑创新,亦可将平均退线距离的计算方式立体化,如图 3-58 所示。

平均退线距离计算方式

新建建筑沿解放北路一侧界面应同时满足如下条件:
① 界面高度为 15 m(±10%);
② 界面沿街投影长度不小于 40 m;
③ 界面最大退线距离不大于 4.0 m;
④ 界面平均退线距离不大于 2.2 m。

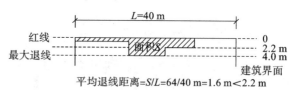

平均退线距离=S/L=64/40 m=1.6 m<2.2 m

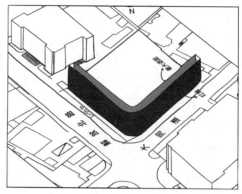

图 3-57　控制图则

(资料来源:周钰《街道界面形态的量化研究》。)

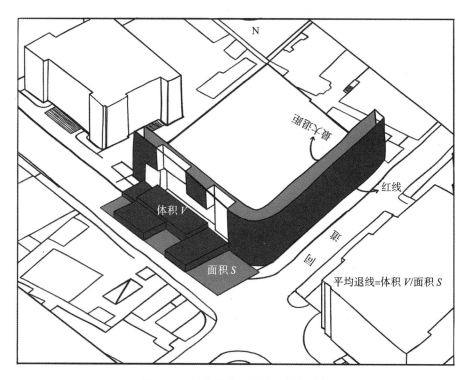

图 3-58 平均退线距离的立体化计算

(资料来源：周钰《街道界面形态的量化研究》。)

将传统保护规划中街道界面保护的定性表述转化为有据可循的定量描述，并以简明的图则落实到地块层面，以指导历史文化街区的建筑更新。因而在更新过程中建筑的沿街界面形式可不再依据诸如"是否与历史风貌相协调"这样的人为主观判断，而可依据量化方法分析得到的相对更加客观的图则作为设计指导。这对于促进历史文化街区保护的法制化建设具有积极意义，而且其更新模式既不是武断的完全以旧建筑边界为参照准则，也不是放任自由、随意发挥，而是在遵循街道界面特质的基础上，赋予其一定的"自生长"空间，以利于各项资源整合及建筑创新，并真正达到历史街区"循序渐进、有机更新"之目的。其方式不再以结果为导向，而是形成了促进街道界面有机更新、过程性控制的有效措施。

2. 香港城市设计指引

为了提升香港作为世界级城市的形象，以及改善香港建设环境的质量，香港规划署制定了《香港城市设计指引》，该指引提出了设计控制的重要作用。依照《海港及海旁地区规划研究》和《香港城市设计指引》(2006)，维港区重点对轮廓线、建筑高度、建筑物布局和组合等要素进行了控制和引导。

1)轮廓线

扯旗山和狮子山的山脊线,构成城市的天然背景,是香港著名的景色。但随着高楼大厦日益增多,该山脊线已受到遮挡。此外,在大屿山和新界等的山脊线和山脉,为新市镇与郊野公园之间定出分界和城市的远点标志。从维港星光大道往中环看,整个轮廓线连绵起伏,富有变化,建筑明显分成两个层面建筑群,其中第一层面建筑以中低层为主,高度控制在 20 m 左右,其中相对较高的是皇后像广场以北的综合发展区用地和中信大厦以北的政府、机构和社区用地,总高度分别为 130 m 和 74.5 m;第二层面建筑群以中高层建筑为主,其中国际金融中心为最高建筑,其次为中国银行大厦,总高度分别为 416 m 和 359 m,约超出扯旗山和狮子山山脊高度的 1/3,其余建筑高度均控制在山体高度的 4/5 处(图 3-59)。

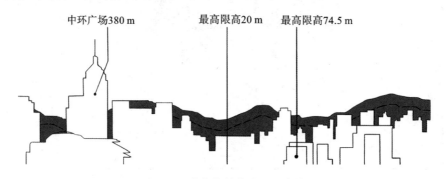

图 3-59 建筑物轮廓线及山脊线

(资料来源:改绘自《香港城市设计指引》。)

2)建筑高度

建筑物的高度和空间应与人体比例有一定关系,令使用者感到方便、易于适应,并认同其设计。香港地少,很难完全做到以人为本,但可通过善用不同空间、园景美化和街景等,改善这个情况。建筑群应加入一些设计独特的建筑物枢纽区,并让人从海旁看到内陆景观。

建筑高度基于这几个原则而确定:一是根据发达地区先进经验,沿海岸线建筑群的高度由内陆地区向沿岸线滨水地区逐步递减;二是根据建筑距离后退海边岸线的距离,利用宽高比(D/H)比分析最适合建筑高度;三是为避免形成缺乏创意的设计和单调的景观空间,不应对建筑物的高度进行过于严格的限制;四是保护从海岸通向山体的山脊线景观;五要考虑建筑高度对盛行风向的影响。

此外,滨水建筑高度要以水体尺度、景观视廊分析、天际线组织和标志性建筑布局为依据。基于这几个原则,维港地区进行了细致的研究,高度按照位置和建筑类型的分类分别提出上限值,其重建高度不允许超过上述建筑高度上限值。

3)建筑布局和组合

为了避免在沿岸形成"墙壁效应",建筑物在规模上和外墙设计上应该相互配合,建筑应保留内陆地区与海港的观景廊,有助于通风的建筑布局。《香港城市设计指引》中特别指出,对于滨海地区建筑物的布局和组合及规模要给予特别考虑,要将有助于通风作为控制的考虑因素,因而要做到建筑群高度的分区要有助于改变风向,避免空气滞留不动(图 3-60);区内建筑群的高度应朝着盛行风的方向逐级降低,以促进空气流动;低层建筑以及开敞空间应处于挡风位置及海旁地区,另外低层建筑在高密度地区应有散布,不仅提供舒缓空间及令建筑群高度增添变化,还保留通风廊道。

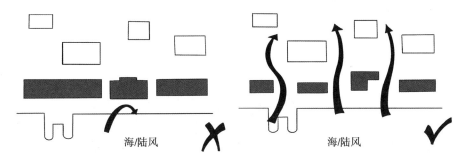

图 3-60　利于通风的建筑形式布局

(资料来源:改绘自《香港城市设计指引》。)

第4章 城市形态分析要素

4.1 城市肌理

4.1.1 城市肌理的概念与形态特征

1. 概念

肌理,指皮肤的纹理,在美学上引申为,由于材料的不同配列、组成和构造而呈现出的线形纹路。肌理产生的核心是基本形式或元素的重复和它们之间的空间。重复是肌理的决定性因素,当重复的可识别性占统治地位时,肌理就出现了。

放在城市规划语境下,肌理可以理解为"已成为一种序列"的空间秩序。从肌理的视觉形态角度看,城市肌理体现了城市各种不同要素在空间上的结合方式,是明确城市空间特征的一种重要方法。在形态各异的城市空间中,城市肌理的形态秩序能够判定一个地方是否具有协调的空间组织关系。

城市肌理是对城市空间形态和特征的描述,其随时代、地域、城市性质的不同而有所变化。这些变化往往体现在城市建筑的密度、高度、体量、布局方式等多方面,使城市肌理有细致和粗糙、清晰和模糊之分。当相似的元素或一小簇相似的元素遍布于不相似的元素中间时,城市肌理体现出细致的特征。例如明代改筑的重庆城(图4-1),长江与嘉陵江交汇,渝中半岛上起伏的地形将城市分割成大大小小十多个片区,每个片区内都有一组组类型相似的建筑群密布其中,它们之间以自由、任意的方式组合,留出弯弯曲曲的道路和形状各异的开放空间,这些建筑与空间的图底关系显示出自然而优美的秩序,与河流共同演绎出细密、精致、流畅的肌理效果。而当一大片元素与另一大片元素相互间隔时,城市肌理表现出粗糙感,例如法国建筑师、城市规划师勒·柯布西耶(Le Corbusier,1887—1965)在1925年所做的巴黎伏埃森规划。快速发展的现代城市中不乏这样的实例,大面积规则严整的格网道路、一组组形式相同、排列整齐的大体量建筑穿插于小尺度的传统街区中,鲜明而强烈的对比形成粗糙、机械的肌理感,破坏了原有形式的多变和精致(图4-2)。因此,城市肌理存在粗糙和精致的不同类型,这些城市空间肌理具有明显的时代地域特征,与社会生产生活和技术相适应。

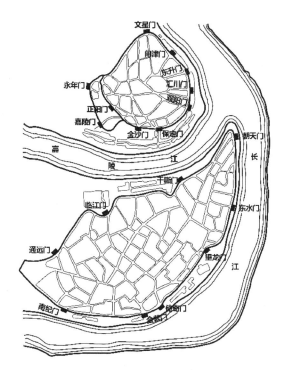

图 4-1　明代改筑的重庆城

（资料来源：胡俊《中国城市：模式与演进》。）

图 4-2　勒·柯布西耶的巴黎伏埃森规划

（资料来源：柯林·罗、弗瑞德·科特著，童明译《拼贴城市》。）

中国科学院院士、建筑学家齐康先生在《城市环境规划设计与方法》一书中对城市肌理做了如此定义："城市是由街道、建筑物组成的地段和公共绿地等组成规则或不规则的几何形态。形成城市时，错综复杂的道路网与聚居体就形成了它在城市地面的肌理组织，它反映了城市地面和立体空间的状态，并反映城市新旧更替和发展开拓的过程。研究肌理特征，有助于了解城市最基本的特点，这是一种人为的地貌。城市的肌理决定了商业区、居住区等区域的纹理、密度和质地。一个区域的肌理一旦形成，由它决定的物质价值、经济价值以及文化价值就很难改变。"

意大利建筑师阿尔多·罗西（Aldo Rossi，1931—1997）在《城市建筑学》一书中曾描述过城市肌理形成的过程，城市肌理包含着"生活在城市中的人们的集体的记忆，这种记忆是由人们对城市中的空间和实体的记忆组成的。这种记忆反过来又影响对未来城市形象的塑造……因为当人们塑造空间时他们总是按照自己的心智意向来进行转化，但同时也遵循和接受物质条件的限制"。

城市肌理是由反映城市生态和自然环境条件的自然系统与体现城市历史传统、经济文化和科学技术方面的人工系统相互融合、长期作用形成的空间特质，是城市、自然环境与人所共同构筑的整体，这一整体直接反映了一座城市的结构形式和类型特点，反映了生活在其中的人们的历史图式，反映了城市所处地域环境的文化特征。城市肌理是历史积淀的结果，在时间的打磨中蕴含了丰富的生活内容，因而城市肌理是有一定规模、一定组织规律的人类城市聚居形态，它涉及城市生活的方方面面，亦与城市结构、城市功能及城市形态密切相关。

2. 形态特征

城市肌理具有一定的形态，它将人类社会生活凝固于物质空间中，经历各个历史时期叠加而成，其变化总是以原有的形态为基础，并在空间上对其存在进行依附和改造，最终通过用地布局形态、建筑类型、屋顶的形式和材质、立面风格、建筑高度、建筑密度、绿化、开敞空间等要素具体反映在二维或三维空间中。

1）具有尺度层级性

从最大范围来看，整个城市小比例尺的卫星遥测照片可以呈现出第一层次的城市肌理。在这一层次上影响城市肌理形成的因素以自然环境为主，主要指城市的地形、地质、气候条件等。

在城市某个区域范围内，大比例尺的航空照片展示了第二层次的城市肌理。在这一层次上自然环境依然有着影响力，但区别于第一层次的主要是一些区域性的特殊环境，如河流、峡谷、沼泽地等，同时城市中已建成的空间环境也对肌理的形成有着巨大的影响力，如道路网、标志性建筑、大型开敞空间等。

局部的建筑群体展示了最小范围的肌理。在这一层次上，可以分辨更细微的屋顶材质肌理，以及由于屋顶形式的不同（如坡屋顶和平屋顶的不同）而造成的明暗差别，影响肌理的因素主要就是建筑空间组合方式、营造技术和方法。

2)具有一定的规模

城市肌理的规模主要表现为面的性质。城市肌理既可以在平地中呈现为非常规整的网络形式,也可以随着山体、河流的走向进行蜿蜒起伏的调整。从空间表象上来看,无论其复杂程度如何,城市肌理总是在平面上呈现一定的规模。

3)具有一定的密度。

在以建筑为尺度的空间形态中,建筑是用来限定空间的基本元素,并融合于其中。建筑的类型、组合方式界定了城市的基本印象和各异的肌理形态。城市肌理由于组成内容不同的密度会形成质地完全不同的肌理形态,或细腻、或粗糙、或清晰、或模糊、或规律、或无序。

4)具有人文性特征

当一座城市从最初的聚落开始演进时,各个时期的城市事件被铭记于城市肌理之中而得以长久留存,并在随后的演进过程中不断地进行修正而显得更为明确,从而也获得了一种集体性的意识与记忆。因此,城市肌理所呈现的不仅是形态上的可视因素,其背后也隐藏着历史累积的线索,正如美国城市规划理论家凯文·林奇在《城市形态》一书中所言:"城市的形态,它们的实际功能,以及人们赋予形态的价值和思想,形成了一种独特的现象,因此城市形态的历史决不能只是对几何街道肌理转变的描述,北京和芝加哥没有一点相同之处。"

4.1.2 城市肌理的构成要素

1. 地形地貌

从城市的发展历程可以看出,城市肌理延续了城市周边原始的自然肌理。大地山川和乡村田园的自然形态孕育了丰富的城市肌理形态,从那些由人类聚居地发展起来的小城镇或村落的肌理形态中可以清晰地看到这种特征。图 4-3 中左侧的小镇肌理明显受到乡村灌溉系统的影响,与乡村的田园形成整体、统一的大地肌理景观,从而保留了自然环境独特的空间形态。图 4-3 中右侧的村落肌理受起伏地形的影响,呈现出随机、细腻、灵动的特征。

在沿河而建的城市中,河流水体的走向深刻影响着河岸的城市肌理。例如南京中华门地区有内外秦淮河,这一天然水体成为影响其空间形态的首要因素,最初的房屋是沿水体而建的,其肌理形态如图 4-4 所示。因此沿岸房屋的肌理形态是由水体生长而来的,所有房屋走向皆以水体为参照,加之考虑南北通风采光的需要,形成一种顺应水体并与水体走向共融的肌理形态。

自然环境对城市空间肌理的影响是很广泛的,除了水体,山体地形和土地地质结构等重要的自然限定因素对城市空间肌理的形成与发展也具有重要的作用。例如,山城重庆的城市肌理呈现出沿不同等高线分布的特征(图 4-5)。

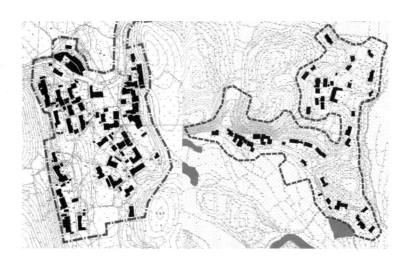

图 4-3　自然山水对城市肌理的影响

（资料来源：自绘。）

图 4-4　南京中华门地区城市肌理卫星图

（资料来源：顾震弘、韩冬青《以南京中华门地区为例考察影响城市肌理的若干因素》。）

图 4-5　重庆磁器口城市肌理图

(资料来源:根据 Google Earth 卫星图绘制。)

自然环境因影响着城市的选址、形态、道路走向及建筑朝向而决定了城市肌理的大体轮廓。中国古代在城址的选择上讲究"相天法地",里面包含顺应和利用自然条件、因地制宜的成分。《管子》云:"凡定国都,非于大山之下,必于广川之上。高毋近阜而水用足,下毋近水而沟防省。因天材,就地利,故城郭不必中规矩,道路不必中准绳。"城市在选址上,或临水源水道,方便城市生活用水和运输货物,沿河建城,进行物资供应和商业交换;或位于水边山地,城市的形态顺应地理山川走向,自然呈不规则状;或位于平原广川,地理限制较小,在规划和自然生长的共同作用下,城市形态规则严整。

不同的自然肌理衍生出各异的城市肌理,由此可以看出,城市之所以特色鲜明,也是独特的自然环境和突出的人工营造共同作用的结果。

2. 街道体系

街道体系体现了城市肌理的空间骨架,街巷道路的结构和相互连接方式在很大程度上决定了城市肌理的空间形态。街道肌理类似于人体的基因,因个体的差异和发展机遇不同,其呈现出不同的形态和类型(图 4-6)。常见的街道肌理可以分为两种,即规划严整的网格道路和自发生长的自由式街道。

网格道路是最常见的肌理形式,这种路网方便城市的快速建造、土地划分,适应城市的发展,在世界各种文化类型及各个文明时期都有所运用。如古希腊米利都城、古罗马庞贝城(图 4-7)、中国传统都城(图 4-8)、北美殖民城市(图 4-9)等,每一种网格道路肌理都反映了各自的文化特点和营建需求。

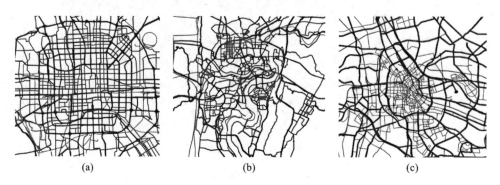

(a)   (b)   (c)

图 4-6　北京、重庆、天津的宏观街道肌理图

(a)北京;(b)重庆;(c)天津

(资料来源:根据 Google Earth 卫星图绘制。)

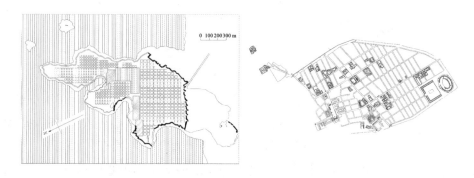

图 4-7　古希腊米利都城(左)和古罗马庞贝(右)

(资料来源:改绘自 L.贝纳沃罗著、薛钟灵等译《世界城市史》。)

自由式街道以结合地形为主,道路弯曲没有固定的形式。无论是国内还是国外,许多山区城市地形起伏大,道路选线时为减少纵坡,常常沿山麓或河岸布置,形成自由式街道,例如锡耶纳老城(图 4-10)。另外还有一些临海城市,顺着海岸线建城使得道路的选线受到很大的制约,因此同样也形成了自由式街道,例如威尼斯老城(图 4-11)。自由式街巷格局一般反映了由于地理条件受限而形成的城市肌理。

3.街廊结构

街廊是街道体系和产权地块的过渡。就外部格局而言,街廊由街道网络划分形成;就内部组织而言,街廊由不同权属的可开发用地集合构成。街廊的形态和尺度制约着街廊内部的产权地块划分方式和建筑布局模式,进而影响街道界面、街道高宽比等与步行环境直接相关的城市形态要素。

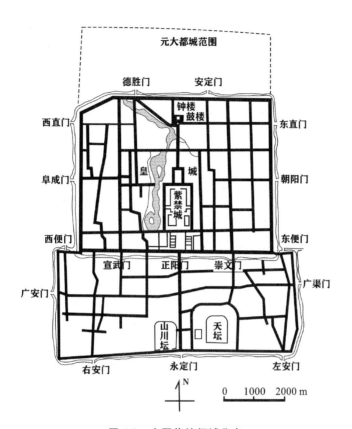

图 4-8　中国传统都城北京

（资料来源：改绘自董鉴泓《中国城市建设史》。）

图 4-9　华盛顿朗方规划

（资料来源：改绘自张红卫《美国首都华盛顿城市规划的景观格局》。）

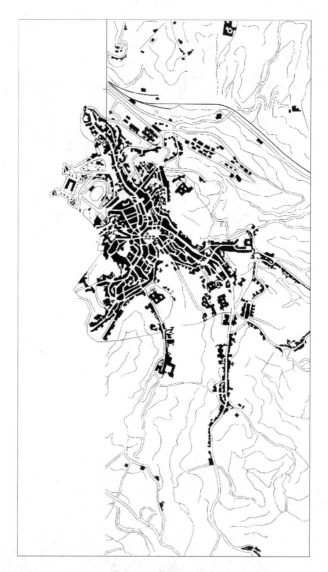

图 4-10 锡耶纳老城

(资料来源:描绘自 L. 贝纳沃罗著、薛钟灵等译《世界城市史》。)

城市街廓被证明是构成城市物质形态的基本单元,在城市形态格局中,城市街道和街廓存在相互依存的空间拓扑关系(图 4-12)。不同的街道类型和街道空间布局对城市物质形态有一定的影响。在城市肌理的形成与发展中,街廓作为基本单元越来越受到重视,并作为载体来描述以及预测城市的发展和形态演化(图 4-13)。

图 4-11　威尼斯老城

（资料来源：描绘自沈玉麟《外国城市建设史》。）

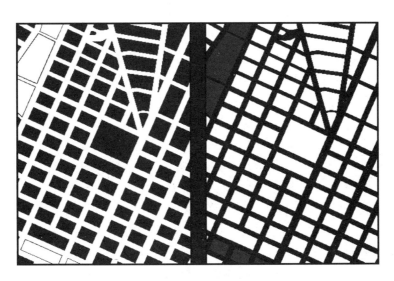

图 4-12　街道与街廓的空间拓扑关系

（资料来源：描绘自孙晖、梁江《"街廓"的意义》。）

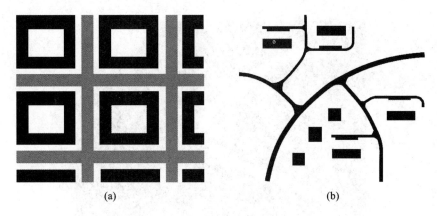

(a)　　　　　　　　　　　　(b)

图 4-13　街道布局模式

(a)现代街道布局模式;(b)与传统街道布局模式

(资料来源:改绘自斯蒂芬·马歇尔著、苑思楠译《街道与形态》。)

4. 地块划分

产权地块的划分会影响城市肌理的维持和变化。英国城市形态学家、历史地理学家康泽恩认为:"城市肌理的变化,相当大程度上受到先前留存至今的城市建成肌理的制约和控制。在任何指定的时间中,先前已经存在的地块划分和建筑形态共同组合成的城市建成肌理控制未来的城市形态发展。"

基于产权地块的城镇形态变化呈现两种过程,一种是建筑的填充,另一种是新形态地块取代旧形态地块。前一种过程产权地块单位内的建筑建设会经历填充、填满、清除再重新建设的周期性规律过程,地块也会伴随着这一过程产生变形、合并和细分的可能,产权地块在建筑填充的过程中始终作为一种框架起到限制作用,产权地块内的建筑形式也会与之相适应,避免了建设活动带来城镇肌理和格局的剧烈变化(图 4-14)。

不同的产权地块有不同的划分方式,进而带来密度和建筑类型的变化。以法国旧城中常见的 30 m×36 m 大地块作为地块类型原始模型(图 4-15),将其长边划分为 2～10 份,并按照双联住宅、独立住宅、联排住宅和内院式住宅的不同布局来研究在各种划分情况下产生的建筑布局形式。其中发现,较大地块对应大别墅类型,限制条件越详尽,建筑的位置也越固定,从 6 份地块开始就不可避免产生行列式布置,而过小的地块中过小的庭院成为无法利用的剩余空间。

产权地块将城市街区进行合理划分,使城市街区内形成特定的肌理特征。产权地块作为一种无形的规划框线,构成了城市肌理的内在秩序,引导肌理的延续与演进。

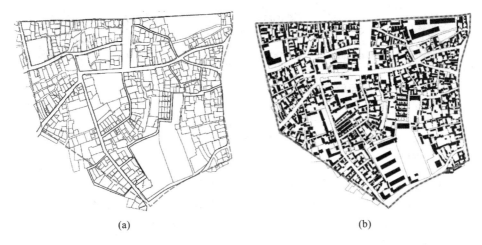

图 4-14　地块划分与肌理的关系

(a)产权地块边界;(b)片区肌理

(资料来源:改绘自赵云飞《基于形态类型学理论的阿依墩历史街区保护与更新研究》。)

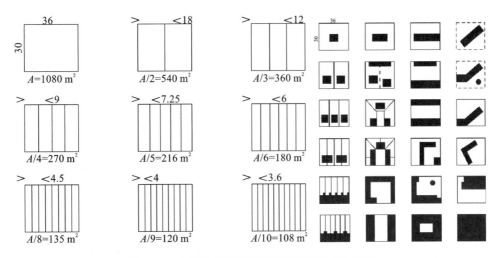

图 4-15　大地块的划分以及不同建筑的占地方式

(资料来源:改绘自魏羽力《地块划分的类型学——评大卫·芒冉和菲利普·巴内瀚的〈都市方案〉》。)

5.建筑布局

建筑布局是城市肌理中最易发生更新和改变的层级,也是城市形态类型的直接表征,其指的是在产权地块范围内建筑投影在基地上的平面的总和。建筑平面布局模式依据城市空间的围合作用可分为两种类型:以建筑为单元的开放形态,包括点群式、满铺式、混合式等;以街廊为单元的闭合形态,如周边式、密排式、行列式等(图4-16)。

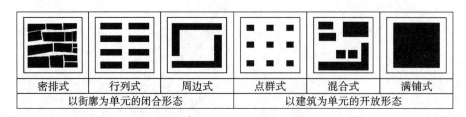

密排式	行列式	周边式	点群式	混合式	满铺式
以街廓为单元的闭合形态			以建筑为单元的开放形态		

图 4-16　建筑平面布局模式类型示意

（资料来源：杨春侠、史敏、耿慧志《基于城市肌理层级解读的滨水步行可达性研究——以上海市苏州河河口地区为例》。）

凯文·林奇提出，当城市肌理具有清晰性和整体性时，城市形态才能形成良好的可读性：清晰性意味着城区范围内建筑平面布局模式的相对均质和统一；整体性强调多数建筑平面布局形态以街廓为单元，以维护整体的城市结构。

地形地貌、街道系统、街廓结构、地块划分、建筑布局相互影响、共同作用，最终形成了独特的城市肌理（图 4-17）。

图 4-17　街道系统、街廓结构、地块划分、建筑布局共同形成城市肌理

（资料来源：伊宁市阿伊墩街片区保护及修建性详细规划。）

4.1.3　城市肌理的类型

中国工程院院士王建国先生在《现代城市设计理论与方法》一书中提出,城市肌理按城市形态的类型学分析方法,可以分为:"型",指城市形态生成演化和建设过程中人的深层价值取向和文化隐喻;"类",即类型,指具有某些共同或类似特征的城市形态类别;"期"——指一定的城市形态在历史发展过程中的时段归属,它决定了该城市形态的时间纬度。王建国提出的分类方法综合考虑了影响城市形态的环境、制度、城市发展阶段等因素,在这些因素的影响下形成了不同的城市形态。

城市肌理大多是历史上各时期的积累、叠合的结果,依据城市肌理演变的作用机制和呈现出的特征,大致可以将其分为细致有机型、粗糙几何形、细致几何型和复合型四类。

1. 细致有机型

细致有机型城市肌理是在一定的自然环境和社会条件下,根据土地与地形条件,在人们日常生活的影响下,通过长期的自组织发展形成的。其形式是不规则的、非几何性的、"有机"的,表现为任意弯曲的街道和随意形状的开放空间。

细致有机型城市形态顺应自然地形特征,成为不可分割的整体。美国建筑史学家斯皮罗·科斯托夫(Spiro Kostof)在《城市的形成:历史进程中的城市模式和城市意义》一书中形容具有这种肌理形态的城市为"随机城市",这意味着这类城市是随机发生的、自生的,具有一种"自下而上"的形成过程。因而这种城市布局在很大程度上是由自然环境所决定的,同时蕴含着居民生活的真实体验。由此城市肌理灵活多变,并与自然环境和谐统一,形成有机形态。

西欧大多数中世纪城市是这类城市肌理的典型代表,比如意大利的山城锡耶纳(Siena)和水城威尼斯(Venice)。锡耶纳全城以坎波广场(Piazza del Campo)为中心,有 11 条大大小小的街道从这里发散出去,沿着地形曲折变化、宽窄不一,建筑布局顺应地形和道路的走向关系,形成错落有致、变化丰富的空间景观(图 4-18)。威尼斯城内自然走向的河道构成有机的城市骨架,建筑、道路、小桥与弯曲而密集的水网相互交织,所有的一切如同自然生成般和谐而生动(图 4-19)。

2. 粗糙几何型

粗糙几何型城市肌理指街廓尺度大、局部变化剧烈的几何型城市肌理。粗糙几何型城市肌理在某种"自上而下"的控制机制下,被中心主导权力一次性决定下来,并在其后的发展中一直延续,其城市肌理表现为规则的用地划分和严谨的几何构图形态。这种类型的城市肌理形态体现了少数人的思想和意志,是在特定的宇宙观、等级观、功能观、制度法规等思想观念的支配下经过规划、设计而"创造"形成的城市肌理。

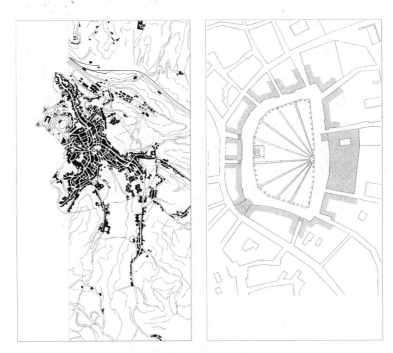

图 4-18　锡耶纳城市与坎波广场平面图

（资料来源：描绘自 L. 贝纳沃罗著、薛钟灵等译《世界城市史》。）

图 4-19　威尼斯城市平面图

（资料来源：改绘自陆润东《基于图底关系理论的深圳城中村公共空间研究——以南头古城为例》。）

我国古代城市往往具备这一特征。由于中央政治集权强大的控制,城市绝大部分是各级政府的都邑。隋唐长安城是我国古代最严整的粗糙几何型城市之一,其肌理形态方整而规矩,沿南北中轴线东西对称,道路经纬十字交错、等级分明,划分出工整而均质的城市空间。

3. 细致几何型

细致几何型城市肌理指街廓尺度小、比较均质的几何型城市肌理。西方城市经过统一规划而表现出强烈几何特征的城市以古希腊建筑师希波丹姆规划的米利都城为代表,整个城市采用正交的街道系统,形成十字格网,划分出方形的用地,各建筑布置其中。除中部大型公共建筑区外,其他街廓的尺度较小,体现出较为强烈的均质性。

工业革命之后发展或建设的现代城市,由于在规划指导下迅速形成,其城市肌理大多属于细致几何型,城市道路网规整且形态统一,功能分区和用地布局结构明确。其城市肌理的形成过程为在短期内建成大规模的城市路网,从而确立城市的基本框架,划分成片的街区,每个街区单元经历逐步的内部细分和填充发展过程直至完全建成。

4. 复合型

复合型城市肌理是指形态上有机型和几何型相组合、质感上细腻与粗糙共存的城市肌理,是"自下而上"和"自上而下"两种主导城市发展的力量共同作用的结果,在形态上体现为各个历史时期的叠加、各种形态的并置和渐变。共时性和历时性两种时间特征贯穿整个城市空间肌理,使得城市多元而复杂的形态特性显现。一个城市中,形成于不同历史时期的片区可以表现为多种肌理形态的并置,在同一时空中体现共时性的特征。如波士顿 1895—1980 年间城市肌理(图 4-20)在尺度和肌理形态上都存在着巨大的差异。又如福州仓山地区殖民地建筑群与周边成片现代居住区的肌理(图 4-21)反差也很明显,而城市中原有经严格规划、强烈、规整的形态,也会逐渐被装满时间和事件的狭窄弯曲的街道所消融。在经严格控制、表现出丰富和多样形态的几何型街区内,由于规划效力的减弱,生活成为主导城市发展的力量,从而形成有机生长、丰富混杂的街道和建筑元素,产生不同尺度的肌理形态相互叠加的效果。如唐长安城里坊中的"坊曲"、明清北京城的胡同(图 4-22),都是在严整、方正的街区中用弯曲、自由的道路划分丰富的生活形态。

城市的形成和发展是一个漫长的过程,糅合了历史、社会和生活的复杂与变化,正如斯皮罗·科斯托夫所说:"如果随机翻阅各个历史时期的数百幅城市地图,我们就会更加怀疑建立在几何基础上的城市二元分类法的有效性,我们会发现'规划'与'有机'这两类布局形式常常相互依存。"因而,在现实存在的城市中,复合型城市肌理可能才是普遍的"常态",而"有机"与"几何"只是相对概念,它们在形态与形成机制上都不存在十分严格的划分。事实上,即使在最扭曲的街巷和最不经意的公共空

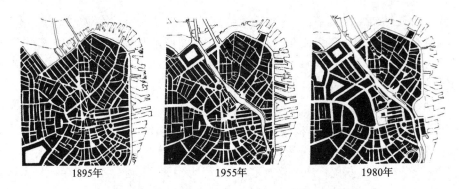

图 4-20　波士顿 1895—1980 年间城市肌理的变化

（资料来源：描绘自 Serge Salat《城市与形态：关于可持续城市化的研究》。）

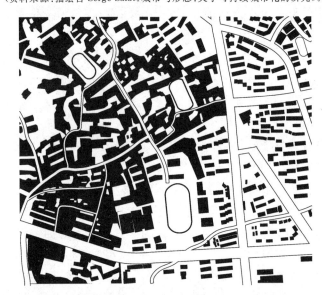

图 4-21　福州仓山地区殖民地建筑群与周边地区的肌理

（资料来源：根据 Google Earth 卫星图绘制。）

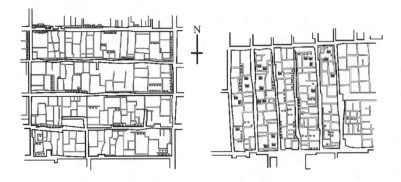

图 4-22　北京典型街坊示意图

（资料来源：描绘自董鉴泓《中国城市建设史》。）

间的背后都存在着某种形式的秩序,这些秩序是在过去的使用情况、地形的特征、长期形成的社会契约中的惯例及个人权利和公众愿望之间的矛盾张力的基础上建立起来的,而即使最严格的规划形成的街区中也总会有基层意志和生活行为选择的痕迹。

4.1.4 城市肌理的响应

1. 保存与延续

1)保存整体格局

在城市肌理敏感地带做规划设计时,需要考虑空间肌理的特征、其与周围环境的连续性和它所展示的时间维度,所在地点的功能活动与周边的联系与互补,地方文化内涵等。例如由德国建筑师海因茨·希尔默(Heinz Hilmer)和克里斯托夫·萨特勒(Christoph Sattler)在 1990 年规划的柏林波茨坦广场(Potsdamer Platz),恢复了该地区早先具有代表性的莱比锡广场的八角形状,并且采用了整齐划一的传统街块形式,以方块建筑和街道发展了传统城市的紧凑结构(图 4-23)。

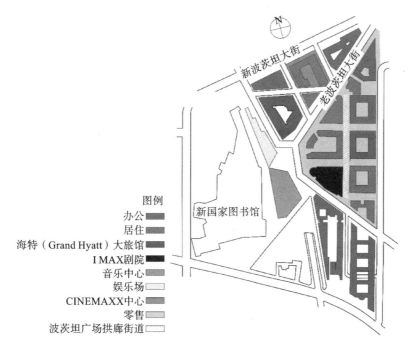

图 4-23 柏林波茨坦广场地区规划图

(资料来源:改绘自肯尼思·鲍威尔著、于馨等译《旧建筑改建和重建》。)

2)延续传统的地块界线

地块界线是个人或机构用地范围的清晰划分,因而若同一地块内衍生出一类契合功能和环境要求的建筑单元模式,则周边相邻地块界线内的建筑也在很大程度上会与之相互呼应。一种建筑形式在相邻地块的反复出现最终定义了一个地段的特有肌理，连片形成一种空间格局。这种地块界线一旦被打乱，则相关的建筑形式将无重复的边界可循；或者由于用途改变，先前的建筑群落合并消解为新的建筑模式，从而造成整个地段空间肌理的突变，长此以往，地块将逐渐失去原有的风貌特色。因此，地块界线以及其所划分的产权地块是城市肌理形态的重要组成元素（图4-24）。

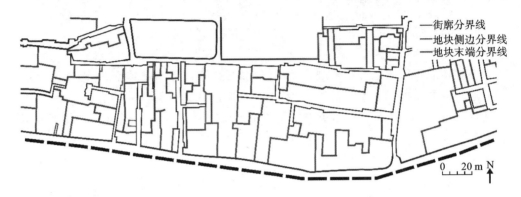

图 4-24　广州荔湾第十甫路北侧地块组团

（资料来源：改绘自姚圣《中国广州和英国伯明翰历史街区形态的比较研究》。）

3）融入周边肌理

传统的建筑已不符合时代和社会的发展需求，新建筑要在已有城市肌理中不断思索和继承传统城市文脉的有效选择。例如，在苏州博物馆的设计中可以看到，简洁明确的现代几何体构成了传统的苏州斜坡屋顶，营造的围合与通透的空间展现出苏州传统建筑的风格，形态上采用南北向正交的处理方式，尺度上化整为零，巧妙地融入周边细腻的传统民居肌理中，与周围清新雅洁的江南民居环境极为协调，成为新建筑融入城市原有肌理的一个典范（图 4-25）。

2. 修复

在一些敏感的城镇区域如历史文化街区、历史文化名镇、传统村落等，城市肌理是历史文化的重要组成部分，成为保护与发展规划的重要内容。在长期的历史发展中，尤其是在快速城市化的进程中，因主观认识上的偏差或客观条件的限制，总有一些新建筑的介入，影响了片区肌理的完整性。我们应主动研究片区的肌理、文脉和价值，修复片区的空间肌理。

"三坊七巷"历史街区位于福州市区最繁华的商业中心——东街口西南部，是福州市传统历史文化中轴线上重要的历史街区，也是福州历史文化名城中古城风貌的核心组成部分。历经千年的变迁与发展，至今仍基本完整地保留了从唐末至明清时期的传统格局，即以南后街为南北主轴线，西侧以衣锦坊、文儒坊、光禄坊"三坊"为主，东侧连接杨桥巷、郎官巷、塔巷、黄巷、安民巷、宫巷、吉庇巷"七巷"，并以"坊、巷"为主要脉络骨架，许多交错屈曲的小弄散布其中，共同组成鱼骨状的街巷空间肌理。然

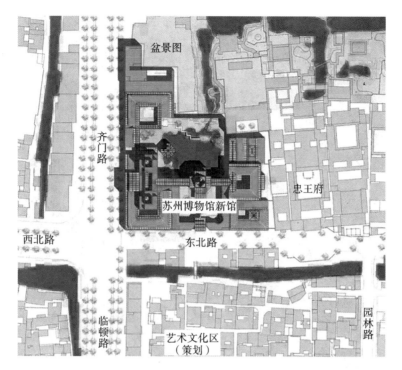

图 4-25　苏州博物馆地区城市肌理图

（资料来源：https://www.sohu.com/a/380616392_796243。）

而街区内散布的工厂、学校、办公楼等现代建筑影响了街区的完整性，多家居住于一院的方式也加速了传统民居的破损，消防设施和基础设施的落后造成巨大的安全隐患。

"三坊七巷"内"水"连着"街"，"街"串着"坊巷"，"坊巷"联系着千家万户，"水、街、坊巷"共同构成了福州独具特色的传统街区肌理结构，未来应传承这一空间格局的历史内涵，在保护"三坊七巷"原有肌理的同时考虑未来发展需要，寻找与现代生活相适合的模式，即在更新的居住和商业功能基础上，赋予福州地方文化、休闲、创意研发、旅游展示等综合内涵。建筑布局应相应体现传统街巷空间的肌理特色，通过对传统商业业态的完善与更新，以及对建筑布局形态、建筑高度的控制，在丰富商业内容、增添文化品位的同时，从功能结构上将"三坊七巷"与八一七传统中轴线相联系，使其空间肌理融入中轴线的整体形态中。历史文化街区外围公共区域内的建筑形态运用传统符号要素，展现现代空间功能，从而在尺度上、布局形态上成为街巷传统肌理向现代空间肌理的过渡和衔接（图 4-26）。

3. 拼贴、并置

柯林·罗（Colin Rowe）在其著作《拼贴城市》中提道："我们来简要地集中关注一下传统城市典型的美德：实体和连续网格，或者肌理，为它的对应情况——特定空间提供能量，随之而来的广场和街道就作为一种公共释放的阀门，并能提供可识别的

图 4-26 福州"三坊七巷"地区城市肌理卫星图

(资料来源:根据 Google Earth 卫星图绘制。)

结构,而且重要的是,起支撑作用的肌理或图底的丰富多样性。因为,作为一种随机组织建立起来的连续建筑的场景,它并没有受到来自自我完美或明显功能表现方面的巨大压力,而且由于有了公共立面的稳定作用,它可以灵活地按照当地要求或当时所需来表现。"

城市是一个连续生长和不断更新的有机体,城市空间的肌理必然不断有新的变化,当旧的肌理形态不能适应新的生活方式和城市发展的需要时,通过拼贴、并置的方式,加入新的肌理,新旧肌理之间产生强烈对比。

比如 15 世纪的大罗马规划,将中世纪以后乱摊乱建的罗马城造就成相称的教皇之都,通过米开朗琪罗的三座建筑组成的市政广场,试图在设计结构上将不同时代的城市建筑联系起来。城北的波波洛广场同样展示了拼贴的肌理状态,从城墙北端的波波洛广场向前方展开三条相交的街道,其右侧通向提北河上的瑞皮塔港。增设的斯特拉达·费利切大街直接通向圣玛丽亚大教堂,联系着山海之间的建筑,方尖碑、雕像等空间节点的连接与过去存在的纪念物或者建筑在精神上建立了联系,不同时代的肌理得到了平衡,表现出在混乱环境中城市的拼贴、并置所发挥出来的作用(图 4-27)。

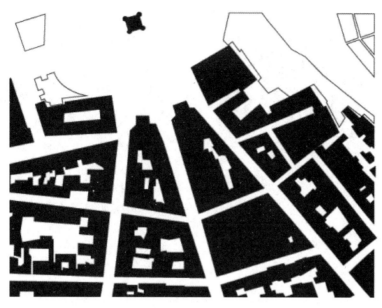

图 4-27　波波洛广场附近的肌理

（资料来源：根据 Google Earth 卫星图绘制。）

4.2　图底关系

4.2.1　图底关系理论

　　图底关系理论源于格式塔心理学中的视知觉研究。格式塔心理学认为,人们感觉到某个物体的各个片面后,就会建立整体形象,即形成知觉。知觉有四个基本特征,其中选择性是知觉的重要特征,它是指人们在知觉周围事物时,总是有意无意地选择少数事物作为知觉对象,而对其他事物的反应则比较模糊。知觉的选择性是该理论的基础,其认为人们在观察形体环境时,被选择的事物就是知觉的对象,而被模糊的事物就是这一对象的背景。

　　格式塔心理学认为,图形就其特征而言有赖于背景,图形出现在背景之上。背景起着一种格局的作用,由于图形悬浮于其中,因此格局决定了图形。图底关系理论将研究形态视觉结构的"图形"与"背景"理论应用于城市设计领域,研究城市的空间与实体之间的存在规律,图底关系的好坏被认为是判断城市空间设计成败的重要手段之一。

　　图底关系理论大多被用来描绘和明确城市空间结构与空间秩序平面视图的二维抽象关系(图 4-28)。通过对城市环境图底关系的分析,可以更全面、更深入地理解和研究城市空间环境。

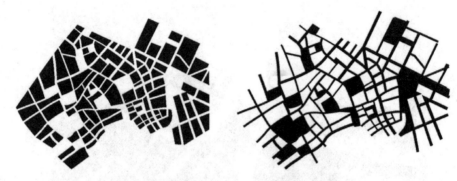

图 4-28　城市空间结构与秩序的二维抽象关系

（资料来源：李佳丽、邓蜀阳《从城市"图—底"关系看城市空间秩序》。）

4.2.2　图底关系的含义

1."图"与"底"的含义

在城市环境中，建筑实体由于体量较大，对人的视觉刺激较强，因此通常成为人们知觉的对象，而周边的空间则被忽视，故成为知觉对象的"建筑"被称为"图"，被模糊的事物被称为"底"。美国城市设计学者罗杰·特兰西克（Roger Trancik）在其著作《寻找失落空间：城市设计的理论》中说道："图底理论就是研究地面建筑实体和开放虚体，即'图'与'底'之间的相对比例关系。"

2.图底关系与图底关系反转

人们在习惯上把"图"所占的区域称作"正空间"，而把"底"所占的区域称作"负空间"，并且容易把两者的关系绝对化。然而，人们往往忽略了两者既相互依存，又相辅相成，并且在一定条件下可以相互转化的辩证关系。

图 4-29　阴阳互易——太极图

（资料来源：描绘自金广君《图解城市设计》。）

在我国传统城市空间的布局中可以找到图底关系及其反转的"根"。传统空间布局的概念是"阴阳互易"，"易"字所强调的正是图与底、实体与空间的相互依赖性，两者相互补充而存在，失去一方另一方则不存在了（图 4-29）。

有些建筑与空间具有格式塔心理学中"图形"与"背景"的反转关系，如北京四合院（图 4-30）。把北京四合院中的建筑部分涂黑、空间部分留白以后形成的图就是图底关系图，把北京四合院中的空间部分涂黑、建筑部分留白以后形成的图就是图底关系反转图。在这里实体与空间同等重要,虚实相生,成为有机的整体。

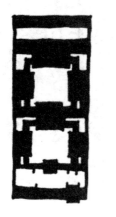

图 4-30 北京四合院图底关系反转图
(资料来源:描绘自金广君《图解城市设计》。)

4.2.3 图底关系的分析

1. 图底关系的重点

罗杰·特兰西克认为:"每个城市环境中,实体与虚体都有一个既定的模式。空间设计中运用图底法,可以籍操纵模式实际形状的增减变化,决定图底的关系。而控制图底关系的目的在于建立不同的空间层级,理清城市内或地区内的空间结构。个别而论,这些空间的大小不同,但都是封闭的,且彼此间仍保有某种特定的秩序关系。"

对图底关系作出最好诠释的是詹巴蒂斯塔·诺利(Giambattista Nolli)于 1748年所绘制的罗马城平面地图。诺利地图将城市表现为一个具有清晰界定的建筑实体与空间虚体的系统(图 4-31)。建筑实体所覆盖的范围比室外空间更加密集,从而衬托出公共开敞空间的形态,换句话说,它创造出积极的空间或者具有物质形态的"容器"。罗马的开敞空间被建筑实体勾勒出来,作为连接室内外空间与活动的连续流动的空间,如果没有这些重要的地面建筑覆盖,空间不可能连续。在诺利地图中室外场所是一个积极的空间,比界定它的建筑实体更具有"图形"的意义。与周围建筑实体密切相关的空间才是积极的空间实体。

从 1748 年诺利绘制的罗马城平面地图来看,罗马城呈现出明显的"图底反转关系"。建筑与空间互为图底,两者交织在一起,在空间图形层面上明显有别于现代低密度的城区图形。从空间感受层面来看,中世纪欧洲旧城无论是尺度、界面还是活力,都比巴西利亚式的现代城市空间更具人性化,更有场所感。

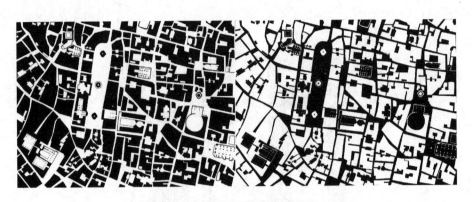

图 4-31　诺利地图局部图底平面

（资料来源：描绘自李梦然、冯江《诺利地图及其方法价值》。）

2. 良好的图底关系特征

无论是西方的罗马、锡耶纳，还是中国的丽江古城、苏州园林，都是城市外部空间的典范，人们喜欢徜徉在城区弯曲多变的街道上，闲坐在界面明确的广场上，并在回廊里观看外部空间中的各种活动。不管是作为一个活动参与者或是旁观者，都能强烈地感受到先民们所创造的城市空间无穷的魅力。正是对传统城市的迷恋和进一步的研究，才形成了"图底关系"理论，并且在以后的理论研究和实践运用中这一理论被不断完善。

而现代城市受工业革命的影响，以追求效益为前提，充分发挥城市的集聚效应，导致城市剧烈膨胀，交通成为影响城市空间特征的重要因素，城市的连续性被破坏。同时为了获得良好的生产生活条件，建筑间距拉大，建筑密度显著减小。在以上条件的影响下，现代城市的空间特征发生了显著变化，如空间蔓延、建筑离散与孤立。从理论上说，"图底关系"彻底丧失了，这也正是罗兰·特兰西克认为现代城市空间失落了的重要原因。

由此，在传统城市与现代城市空间特征的比较中可以看出，一个有着良好"图底关系"的城区，一般具有以下特点。

1）建筑密度大

一般而言，建筑密度在40％以上，也就是建筑所占的平面空间与街道广场等城市虚体空间比例越接近，就越有条件获得较好的"图底关系"。云南丽江四方街、意大利佛罗伦萨旧城中心，它们的建筑密度都超过了50％。

2）建筑与空间分布均质

只有当空间与建筑均质分布、互相间杂、彼此依赖时，建筑——"图"才能与空间——"底"获得互相反转的关系。相反，在图形中如果建筑过于集中于一处，空间过于集中于另一处，则图与底分布不均，并且相互分离，这种图形很难得到相互反转（图 4-32）。

图 4-32 城市局部的典型图底平面

（资料来源：罗杰·特兰西克著、朱子瑜等译《寻找失落空间：城市设计的理论》。）

3）虚体空间形态清晰明确

"图"与"底"能互相反转，表明建筑与剩余空间密度相近、尺度接近、形态相似。建筑有明确的功能，是设计的重要对象，通常而言，其形态完整清晰，容易被认知。同理，空间要能反转为图形，其形态也应该清晰可辨、形状明确、界面清晰，而那些空旷离散、缺乏明确形状、界面模糊的虚体空间很难被直接认知，也就很难反转为图形（图 4-33）。

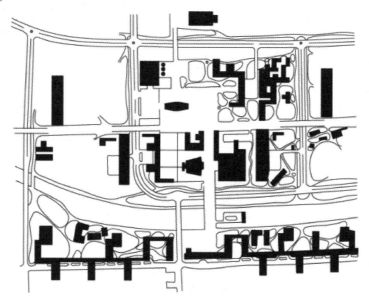

图 4-33 界面模糊的虚体空间

（资料来源：描绘自 Serge Salat《城市与形态：关于可持续城市化的研究》。）

4.2.4 图底关系的应用

城市空间包含了两个层面:一个是总体层面,即从城市整体来观察和组织空间,如城市的空间总体结构、城市的空间等级、城市的肌理特色等;另一个层面是微观层面,即对某一具体空间的观察和研究,如对某一城市广场、城市街道等空间的观察和研究。图底关系理论更加适用于城市空间的微观层面,可促进城市空间的健康发展。

图底关系理论有助于帮助我们客观、深入地分析城市空间现状,充分认识该城市空间的建筑、围墙之类的存在,提高人们将城市空间赋予"图形"的意识和技术手段,从而创造出积极的城市空间。

北京西单文化广场的图底平面(图 4-34)只有一面有建筑围合,其余三面均没有建筑等实体或围墙之类的边界的存在,不易形成"图形"空间。为避免出现消极的城市空间,设计者们于广场增设了高大的雕塑,设计了起伏较大的地势,期望通过这些设计手法提升广场的空间质量。西单文化广场的下沉处理,巧妙地利用地面的高差形成城市空间的边界限定,从而创造出一个优质、封闭、积极的城市空间。

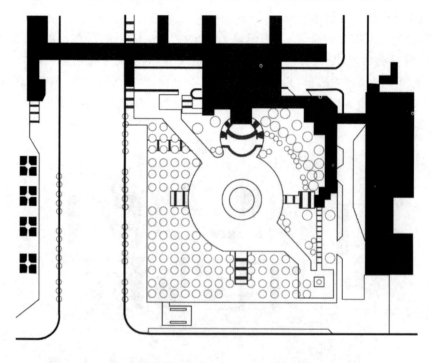

图 4-34 北京西单文化广场图底平面

(资料来源:王殊《当代中国城市广场设计的研究与思考——以西单文化广场为例》。)

良好的"图底关系"能获得积极的城市空间,罗杰·特兰西克认为"图底关系"理论是医治现代城市空间失落的良药。鉴于"图底关系"理论中"图"与"底"可以相互转换、建筑密度较大的特点,结合城市设计各类项目的自身特征,"图底关系"理论比较适合在以下项目中应用。

1.对传统城市空间特征的解析

传统城市空间具有更加清晰的建筑实体与空间虚体的界限,街区格局与单体建筑之间的网格关系的整体连贯性更强。通常情况下,传统城市街区内主体建筑被建筑前的公共空间和连续建筑群体所衬托,"公共"与"私密"的反差明确了"城市袋型界面"。袋型界面是一个明确外部空间虚体的建筑实体的空间范畴,在技术上指墙、柱以及其他建筑实体。在传统城市空间特征的图底解析中,可以用袋型界面标记空间景观,通常在平面图上以涂黑表示(图4-35)。袋型界面可以体现图底平面的连续性,在传统城市空间处理方面,能够创造公共领域设计与单体建筑设计的融合。

图4-35　云南丽江古城四方街图底平面

(资料来源:改绘自谭文勇、阎波《"图底关系理论"的再认识》。)

2.旧城的改造和更新中的应用

老旧城区受建造技术、经济发展水平等因素的影响,通常建筑密集,有很好的"图底关系"。在对其进行改造与更新的过程中,为了保持空间特色,延续空间格局,有必要进行"图底关系"分析(图4-36)。正如苏珊娜·托尔(Susana Torre)所言,旧城的空间特色赋予了城市象征性和意义,在图底分析后,应当根据公共空间能容纳的聚集规模,并结合周围建筑的高度、特征及界面的设计来合理地改建城市空间。

图 4-36   厦门鼓浪屿图底关系

(资料来源:根据 Google Earth 卫星图绘制。)

3.城市商业中心或大型商业步行系统

商业中心一般布局在城市核心地带,地价高昂,受建筑性质的限制,其层数不会太高,建筑必然会尽量向水平方向发展,导致极大的建筑密度。同时,为了加强城市各商业建筑间的相互联系,强化商业空间的活力,空间的连续性较强,尺度也相对较小。因此,"图底关系"理论大有用武之地。如在某商业街区的设计中(图 4-37),设计者为了获得空间的趣味性与丰富性,结合商业步行系统的特点,将建筑与空间同时纳入考虑的范围中,建筑的整体感比较强,除建筑外的剩余空间也得到了刻意的设计,从图形学的视角来看,建筑和空间基本上可以互换,"图底关系"明显。

4.其他高密度城市空间

这类项目有一个共同的特点,那就是建筑密度大,环境容量高,空间变化丰富,对空间的层次和领域感也有一定的要求。如多层、低层高密度住区,TOD 站域地带,以多层建筑为主的一般街区等。基于我国大城市多、城市用地较紧张的现实条件,

图 4-37　某中心区商业街区图底关系

(资料来源:根据 Google Earth 卫星图整理。)

多数居住社区以小高层或高层为主,同时为了争取南向阳光,空间形态通常表现出流动性与开放性,难以达到"图底"关系反转的要求。而其他如工业开发项目、各级教育设施等项目都不具备"图底关系"理论的基本条件,这些项目更多地采用空间组合、空间联系、空间意象等方法来分析其空间形态特征。

4.2.5　图底关系缺失的弊端和局限

1. 图底关系缺失的弊端

图底关系指出当城市形态主要是垂直的而不是水平的时候,如现代景观中常见的塔楼街区、板楼或摩天大楼,几乎不可能创造连续的城市空间(图 4-38)。在一个尺度巨大的平地中布置垂直建筑的尝试,大多会导致开敞空间过于广阔且很少得到使用。由于建筑密度不够大,散布在景观中的垂直建筑无法赋予环境以空间结构,结果给人的印象只是单体建筑,而连续的街区形态却不见了。为了构筑室外空间的形态,必须精心处理空间和街区的边缘,建立一个包含转角、凹口、角落、通廊等的室外空间。

罗杰·特兰西克指出,创造积极空间最简单的方法,是运用低平的建筑群及其所形成的比周围地域更加密集的形态,并从建筑群中勾勒出城市空间。实际上这种图底关系并不总是可能甚至可取的,但是可以把它作为城市设计的一种概念性指导原则放在心里。

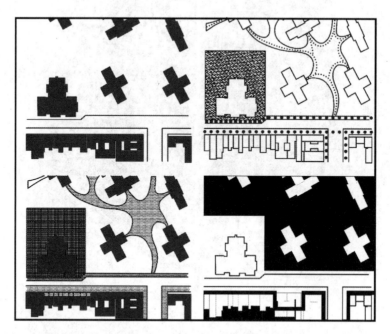

图 4-38 罗伯特·F. 瓦格纳(Robert F. Wagner)设计的纽约上东部居住区
（资料来源：描绘自罗杰·特兰西克著、朱子瑜等译《寻找失落空间：城市设计的理论》。）

2. 城区大密度的局限

图底关系固然是城市空间设计的重要参照，但并不是医治城市空间的万能药。相反，如果为了获得良好的图底关系，片面地强化建筑密度和尺度，可能会带来如下弊端。

1）城市环境拥挤

根据经验，要想获得"图底关系"，建筑密度必然会接近 50%，这样建筑的通风、采光都会受到限制，特别是居住质量将受到严重影响。就城市地块的整体性来说，较大的建筑密度也意味着较小的绿地率或者城市空地率。从环境心理学的角度来看，高密度使人感到对其行为失去控制，从而引起拥挤感，使人较易感到不快，难以符合现代人居环境的要求。

2）交通拥堵

传统上，形成图底关系的城区街道较为狭窄，通常以步行街道为主，道路容量不足，难以支撑现代交通系统。车行道也多以单车道或双车道为主，对于当今对便捷要求很高的城市生活来说，会造成交通堵塞、车行不便，难以满足现代人的通勤需求。交通拥堵导致驾驶人感到愤怒、烦躁，损害其健康，同时也会造成都市区生活品质的降低。

3）私密性受影响

环境私密性由于城市越来越喧闹、拥挤的生存环境而受到人们的关注,建筑密度大固然可以增加人们被动的接触机会,带来良好的邻里关系,但是建筑间距较小,这在一定程度上会牺牲住户的私密性。在图底关系好而密度大的城市区域,其中大多数住宅都会由于建筑间距小而难以满足住户心理上的私密性要求,从而导致住户们常年拉着窗帘,对其生活造成诸多的影响和不便。

4.3 空间序列

4.3.1 空间序列的含义

序列,起初是数学名词,指多聚体中单体的线性顺序。其中每个元素的先后顺序都很重要,不同的排列方法会生成不同的序列,并在时间和空间上有着更多的体现和应用。

复杂的空间组织是建立在一系列有机、连续不断、不同的体验上的,对空间的感受是一些变化着的因素,犹如源源不断的溪流。与其他文学艺术构思中考虑主题思想和各种情节的安排相似,空间构成需要从整体上组织空间环境的次序,从而形成空间序列。可以说,空间序列是空间活动的先后顺序关系,是空间在时间的变化中所引起的知觉形象。

中国科学院院士、建筑专家彭一刚先生在其著作《建筑空间组合论》中将空间序列定义为"通过综合运用引导、对比、重复、过渡、衔接等一系列空间设计手法,由单独的空间组织而成的既有变化又完整有序的空间集群"(图 4-39)。

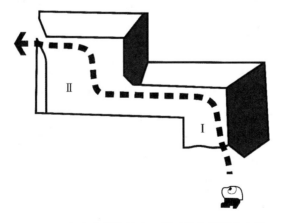

图 4-39 两个空间连接在一起时的先后顺序安排

(资料来源:描绘自彭一刚《建筑空间组合论》。)

英国城市设计理论家戈登·卡伦（Gordon Cullen）在其著作《简明城镇景观设计》一书中提出："空间不是一种静态情景，而是一种空间意识的连续系统。人们的感受受到所体验的和希望体验的东西的影响，而空间序列就是解释这种现象的一条途径。"（图 4-40）

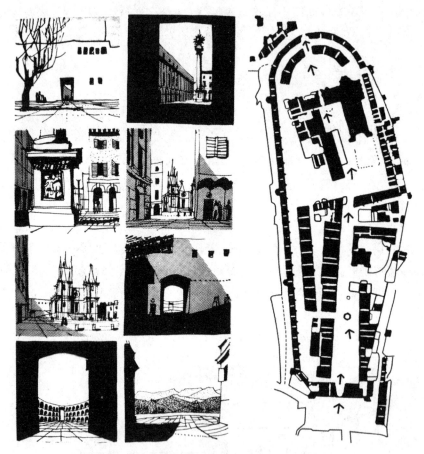

图 4-40　沿纵深方向展开的外部空间序列

（资料来源：描绘自戈登·卡伦著、王钰译《简明城镇景观设计》。）

空间序列是涉及时间维度的动线空间，其与人的参与以及路线有着直接的关系。人是在行进中感知空间序列的，而序列的感知是主客体相结合的产物。观者通过空间序列的运动体验，可以知觉到个别的空间要素或空间单元以外的某种气氛、意境、风格、立意。由于空间序列是按一定的运动线性关系定位排列的，所以具有鲜明的秩序性，加上空间大小和方向的变化，空间就能产生有前奏、有过渡、有高潮、有尾声的有机而整体的心理效果，通过人的运动路径，序列空间能够被感知成一个整体。

4.3.2　空间序列的属性

空间序列具有引导、连续、功能、韵律的属性。了解空间序列的基本属性,有利于建立富有特色的空间序列,从而营造富有特色的城市空间体系。

1. 引导性

引导性指的是空间序列以人的行为心理为根据、以空间设计为手段而具有的引导人们自然前行的性质。空间引导性成了空间序列有序推进的动力和"指南针",因此对引导性的追求是空间序列中空间形态设计的基本指导思想之一。可以通过4 种方式引导外部空间序列(图 4-41):①沿着一条轴线向纵深方向展开;②沿纵向主轴与横向副轴从纵横两个方向展开;③沿纵向主轴与斜向副轴展开;④作迂回、循环式的展开。

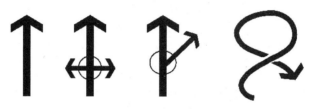

图 4-41　外部空间序列的几种引导形式

(资料来源:描绘自彭一刚《建筑空间组合论》。)

2. 连续性

空间序列组织的目的是强化各种类型场所空间之间的连续性,在城市空间环境营造中体现连续性,通过连续性的空间序列使城市空间体系更加清晰、完整(图 4-42)。

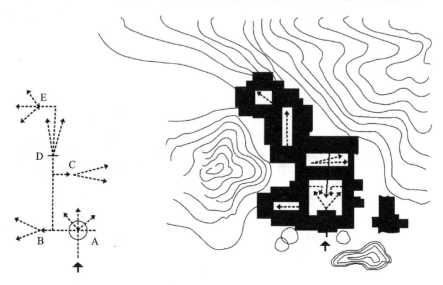

图 4-42　韶山毛主席纪念馆空间序列

(资料来源:描绘自彭一刚《建筑空间组合论》。)

3. 功能性

城市空间不仅要满足人们的各种功能要求,还要体现各种象征意义,使人能感受出不同的主题。空间序列组成既要体现与单个城市空间功能相吻合的环境主题,还须包含各个城市空间场所概括出的整体城市形象特征(图 4-43)。

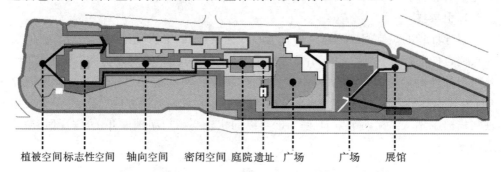

植被空间 标志性空间　轴向空间　　密闭空间 庭院 遗址 广场　　　广场　　展馆

图 4-43　侵华日军南京大屠杀遇难同胞纪念馆空间序列

(资料来源:描绘自秦晓博《事件型纪念馆空间序列设计研究》。)

4. 韵律性

城市空间序列的变化与统一形成了空间序列的韵律特性,在整体风格统一的前提下,局部富于变化的城市空间序列能使人产生视觉上连续变化的审美感受。这种韵律感与城市序列空间的组合关系、节点空间类型和规模等要素相关(图 4-44)。

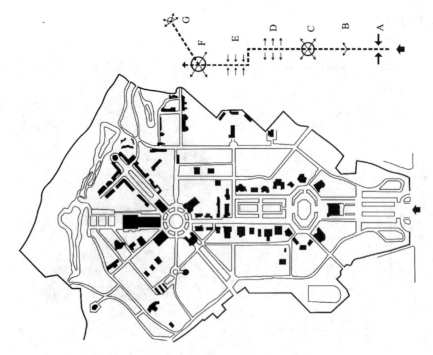

图 4-44　苏联全苏农业展览会空间序列

(资料来源:描绘自彭一刚《建筑空间组合论》。)

4.3.3　空间序列的构成

空间序列是以轴线为主要行为轨迹展开的点、线、面之间的有机联系，主要由大型开敞空间（面）、线性景观（线）和景观吸引点（点）构成。

1. 大型开敞空间（面）

大型开敞空间包括广场、公园等，此类空间的场所性强，清晰的边界围合成特定领域，场所内部有完善的小品设施。此类空间的环境营造需注重场所感受和文化品位（图 4-45）。

图 4-45　巴黎戴高乐广场

（资料来源：根据 Google Earth 卫星图绘制。）

2. 线性景观（线）

线性是直观反映序列空间形象的重要窗口和视觉走廊。自然线性景观的要素有带状公园、城市沟渠、风景道路等线性开敞空间，人工线性景观的要素有街道立面、行道树、街道小品及路面铺装等，这些要素共同形成序列空间的性格和特色（图 4-46）。

3. 景观吸引点（点）

序列空间上的局部节点通过特色建（构）筑物、雕塑小品或景观园林等处理，形成视觉焦点，进而起到点缀线性序列景观的作用（图 4-47）。

图 4-46　巴黎圣米歇尔大道

（资料来源：根据 Google Earth 卫星图绘制。）

图 4-47　英国某公园雕塑小品

（资料来源：戈登·卡伦著、王钰译《简明城镇景观设计》。）

4.3.4　空间序列的类型及相关案例

　　总的来看，空间序列包括四种类型：一是等级序列，在序列的进行中强化君权神授的象征地位，体现出空间的政治性和威严感，如巴黎香榭丽舍大道和北京紫禁城的空间序列;二是功能序列,空间在序列中承载着具体的物质功能,如西安城市轴线和中国禅宗寺院的空间序列;三是情感序列,空间场所承载了特定的情绪,并随着序列的进行而不断升华,如罗斯福纪念公园和柏林犹太人纪念馆;四是视觉和景观序列,观者随着序列的进行而步移景异,空间的视觉性和景观性得到不断加强,如苏州拙政园和留园的空间序列。

1. 等级序列

1)香榭丽舍大道

香榭丽舍大道位于巴黎市老城区中心,东起协和广场,西至戴高乐广场,全长约1800 m,宽约100 m,为双向八车道,车行道两侧各有约20 m宽的步行道。它以圆点广场为界,东段700 m以恬静的自然风光为主,车道两侧是平坦的草坪和高大的乔木;西段1100 m则是繁华的高级商业区(图4-48)。

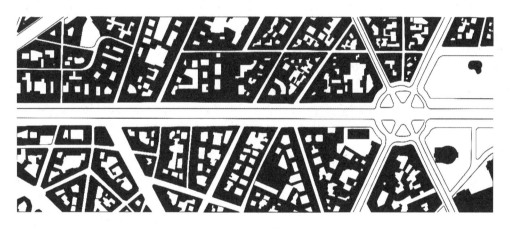

图 4-48　巴黎香榭丽舍大道

(资料来源:根据 Google Earth 卫星图绘制。)

从法国波旁王朝的路易十四到法兰西第二帝国的拿破仑三世,在持续的建设中香榭丽舍大道连同凯旋门以及高度规整的住宅布局,强调了穿过拥挤市区的一条宽阔轴线。香榭丽舍大道的空间塑造继承了法国经典的规划设计手法,节点采用形状规则的圆形或方形,作为线段的道路则是笔直的。这条空间序列由东南偏东向西北偏西延伸,始于协和广场,止于戴高乐广场(星形广场),圆点广场将大道划分为东西两部分,人们行走其中时能很容易地感受到空间非此即彼的变化(图4-49)。

2)北京紫禁城

北京紫禁城由明朝皇帝朱棣(1360—1424)始建,设计者为蒯祥(1397—1481)。长961 m,宽753 m,建筑面积约15 hm²,占地面积72 hm²,是世界上现存最大、最完整的宫城之一。紫禁城的空间分为外朝和内廷两个部分。外朝包括从宫城正

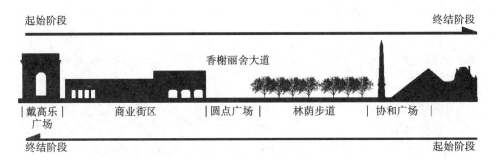

图 4-49 香樹丽舍大道空间序列

(资料来源:改绘自薛亦喧《基于空间序列的城市景观大道空间优化设计研究——以济南市径十路为例》。)

门——午门,经太和门,到乾清门外之间的太和殿、中和殿、保和殿三座建筑物,即所谓"前三殿",以及它左右的廊庑、朝房等辅助建筑物。内廷包括乾清门的乾清宫、交泰殿、坤宁宫三座建筑物,即所谓"后三殿",以及后三殿左右的东、西六宫,北边的御花园、钦安殿等建筑物。作为紫禁城主体的"前三殿"和"后三殿",就坐落在纵贯宫城南北的中轴线上,这条轴线又是北京城全城中轴线的高潮区段,如此处理充分体现出"天子择中而居"的等级思想(图 4-50)。

北京紫禁城沿中轴线向纵深展开的空间序列:从中华门(已拆除)开始进入由东西两侧千步廊围成的纵向狭长的空间,至左、右长安门处转而为一个横向狭长的空间,由于方向的改变而产生一次强烈的对比。过金水桥进天安门(A)空间极度收束,过天安门门洞又复开敞,紧接着经过端门(B)至午门(C)又是由一间间朝房围成的深远又狭长的空间,直至午门门洞空间再度收束,过午门至太和门(D)前院,空间豁然开朗,预示着高潮即将到来,过太和门至太和殿前院达到高潮。往后是由太和殿、中和殿、保和殿组成的"前三殿"(E、F、G),相继而来的是乾清宫、交泰殿、坤宁宫组成的"后三殿"(H、I、J),与前三殿保持着大同小异的重复,犹如乐曲中的变奏,再往后是御花园(K),至此,空间的气氛为之一变——由庄严变为小巧、宁静,预示着空间序列即将结束(图 4-51)。

2. 功能序列

1)西安城市轴线

西安城市历史悠久,从周丰镐中轴线到秦阿房宫中轴线、汉长安中轴线、隋唐长安中轴线、明清至今的西安龙脉中轴线,西安城市中轴线在空间上经历了向东北再向东南的折线发展路径,从而形成了如今的宏观轴线序列。

西安城市主体中轴线的空间序列变化较为丰富,但空间序列在重复性的节奏感上却有不足。这源于西安城市中轴线有着不同历史时期的发展段落,而没有进行过统一的规划设计。

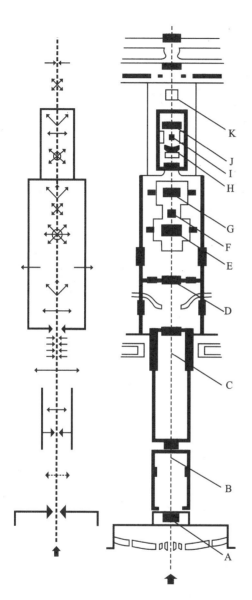

图 4-50　北京紫禁城的空间序列
（资料来源：描绘自彭一刚《建筑空间组合论》。）

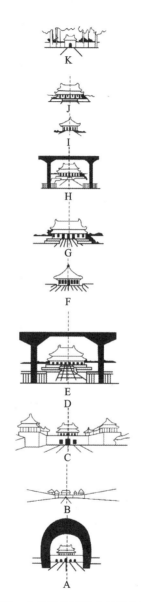

**图 4-51　北京紫禁城沿中轴线向纵深
展开的空间序列**

（资料来源：描绘自彭一刚《建筑空间组合论》。）

　　构成西安城市中轴线这些节点和段落的空间主要有两种形式，即实体围合空间、实体占领空间（图 4-52）。

　　实体围合空间主要由道路空间、广场空间、公园空间以及大型建筑或建筑群体围合成的内部空间组成，其中道路空间主要为长安路、未央路主导的南北干道。

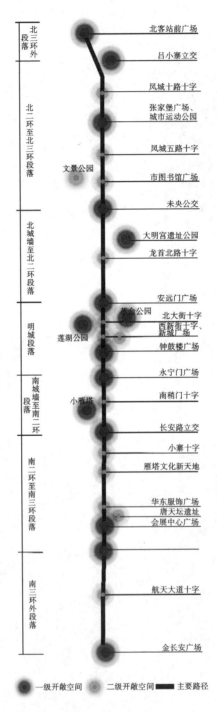

北三环外段落

北二环至北三环段落

北城墙至北二环段落

明城段落

南城墙至南二环段落

南二环至南三环段落

南三环外段落

北客站前广场
吕小寨立交
凤城十路十字
张家堡广场、城市运动公园
凤城五路十字
文景公园
市图书馆广场
未央公交
大明宫遗址公园
龙首北路十字
安远门广场
革命公园
北大街十字
西新街十字、新城广场
莲湖公园
钟鼓楼广场
永宁门广场
南稍门十字
小雁塔
长安路立交
小寨十字
雁塔文化新天地
华东服饰广场
唐天坛遗址
会展中心广场
航天大道十字
金长安广场

● 一级开敞空间　　● 二级开敞空间　　▬ 主要路径

图 4-52　西安城市中轴线的空间序列

（资料来源：描绘自李晨《西安城市中轴线空间序列演变与发展研究》。）

实体占领空间主要是城市中一些标志建筑物占领着道路空间或者广场空间,由钟鼓楼、永宁门、安远门、北客站、陕西电视塔及多个立交组成。这些空间一般具有垂直的标识性和易识性。

2)中国禅宗寺院

中国禅宗寺院的建筑群体一般都经过预先的规划和设计,然后再进行大规模建设。《径山寺志》中记载,南宋庆元年间径山寺重建"按图而作,井井有条"。寺院的建筑单体形式差异不大,而置于不同的寺院中,禅宗寺院建筑群体空间的空间序列震撼着游人的心灵。

禅宗寺院空间序列的设计常常别具匠心,无论是处于城市或山野环境,空间序列的设计都围绕着营造"孤寂禅境"的空间意境展开。虽然不同时期的禅宗寺院有不同的结构和布局方式,但总体而言,寺院的布局非常讲究隐喻与象征意义,尤其是在纵向轴线的序列上。如南宋宁波天台山万年禅寺(图 4-53),通过寺前道路进入寺院,首先要穿过山门,进入一个小院过渡空间,空间略显狭小;然后穿过二门,前面是豁然开朗的大院,随后寺院的主体建筑——佛殿和法堂映入眼帘,库院和僧堂分列左右,形成寺院的主体空间;法堂后面是前方丈和后方丈;最后是寝堂。

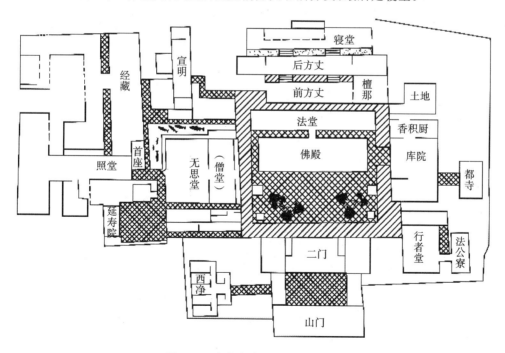

图 4-53　南宋宁波天台山万年禅寺

(资料来源:改绘自戴俭《禅与禅宗寺院建筑布局研究》。)

3. 情感序列

1)罗斯福纪念公园

1974 年,罗斯福纪念公园始建于美国华盛顿,1997 年 5 月 2 日完工。公园占地约 30352 平方米,景观设计师劳伦斯·哈普林(Lawrence Halprin)采用空间叙事的手法,在罗斯福纪念公园内运用一系列的喷泉、花岗岩墙、瀑布和植物,围合营造了四个不同的空间,这四个空间相互组合,代表了罗斯福执政的四个时期,宣扬了其不同的理念以及自由、和平的信念。其运用不同形态的雕塑记录了当时的重要事件,并使用不同的材质营造精神场所,渲染、烘托氛围,使自然与景观合为一体,充分地表达了纪念性意义,也为参观者营造了一个相对放松、和谐的环境(图 4-54)。

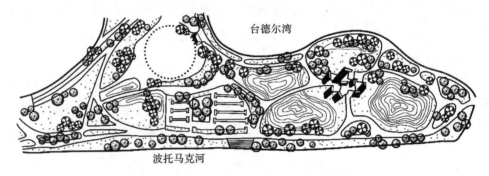

图 4-54　罗斯福纪念公园

(资料来源:改绘自束晨阳《富兰克林·德拉诺·罗斯福总统纪念公园》。)

罗斯福纪念公园的空间序列根据时间顺序分为四个区域。第一个区域表现了从岩石顶部而下的瀑布,平和而强大,象征着罗斯福当选后的誓言,揭示了罗斯福乐观、激情的活力。第二个区域用图腾柱和青石救济景墙展现了人民团结一致克服经济萧条的场景,这个空间的瀑布也变成了梯形倾斜而下,传达了这段时间人民生活的艰苦、内心的扭曲。从公园路进入第三区,可以看到两边的花岗岩石崩塌散落,就像墙壁被摧毁了一样,表现了第二次世界大战时人们对死亡的恐惧以及战争带来的灾难。这个区域的水景中所有的岩石都被毁坏,因为战争导致世界变为废墟。罗斯福总统喜欢和平、痛恨战争的演讲,也被深刻地记录在这些岩石和墙壁之中。经过第二次世界大战之后,经济开始全面复苏,生活改善,人民心情大不相同,故后面的空间展现了一个繁荣的场景:一个舒适的弧形营造了广阔的开放空间,对角线上是一个动而有序的水景,内衬以日本松,产生和谐的景观。

2)柏林犹太人博物馆

1988 年,为了纪念犹太民族在欧洲古代和近代遭遇的种种浩劫,联邦德国决定扩建柏林博物馆犹太人分部,由丹尼尔·李伯斯金(Daniel Libeskind)担任建筑设计师。柏林犹太人博物馆的平面呈曲折蜿蜒状,馆内所有通道、墙壁、窗户都带有一定的角度,几乎没有一处是平直的。设计者以此隐喻犹太人在德国这段不同寻常的历史时期所遭受的苦难,馆内曲折的通道、沉重的色调和灯光无不给人以精神上的震撼和心灵上的撞击。

柏林犹太人博物馆的空间序列可以概括为"一条主轴、两条脉络、三条通道"。李伯斯金提取了建筑环境中巴洛克风格的老博物馆的对称轴,以及周边道路中线的轴线关系,并与此呼应,在新馆设计时考虑了一条平行于原有轴线的虚轴,虚轴两边的建筑体量基本均衡,体现出其与周围环境的呼应,表现出无序中的有序与均衡。两条脉络,一条是充满无数破碎断片的直线脉络,另一条是无限连续的曲折脉络。进入这座建筑的奇异空间之中,有三条通道(图 4-55)贯穿其中,但事实上只有一条路是可行的,其他两条都是死路:一条是死亡之路,通往以锐角歪斜组合的展览空间;另一条是逃亡之路,通往室外的霍夫曼公园,由不垂直于地面的方格形平面的混凝土方柱组成;第三条是共生之路,直通神圣塔,是一个高二十多米的黑色烟囱式空间,进入之后静立沉思,回忆犹太人过去经历的苦难,最后离塔时沉重的大门声响令人震惊,以加深参观者的印象和感受。

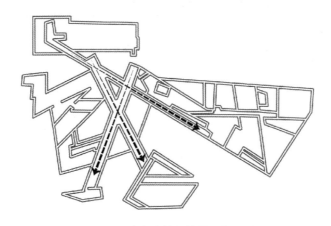

图 4-55　犹太人博物馆的三条通道

(资料来源:改绘自张丹丹《建筑空间中的情感体验——丹尼尔·李伯斯金及柏林犹太人博物馆》。)

4. 视觉和景观序列

1)苏州拙政园

拙政园位于江南水乡苏州。拙政园水体遍布全园,中部园区以水为主,水面约 4000 m² ,约占园林面积的三分之一,水系形成的轴线关系在全园的空间序列结构中具有组织景点的作用。集中的静水面形成了园中广阔的空间,给人以开朗、清幽之感,与园中园等相对封闭的空间形成了疏密、开合的对比,进而控制空间虚实、开合的序列变化,如中园利用开阔的水面形成了两纵两横四条视觉廊道,西园由水系形成了一横两纵三条视觉廊道,将园中的主要景点以视线的方式很好地联系起来(图

4-56)。拙政园在空间组织上采用了综合式的空间序列手法,为了在有限的空间内感受到无限的可能性,空间序列的展开绝非是平铺直叙的,而是按照一定的节奏感,运用渗透和延伸的手法,控制空间的尺度和比例,从而表现出序列空间的连续变化。如拙政园中部入口处的空间,从城市到达园林入口首先要经过住宅空间,然后进入园林空间,在园林入口处,人们看到的并非是园林的主体空间,首先映入眼帘的是入口空间和园林主体建筑远香堂的障景——黄石假山,这种空间上抑扬顿挫的转换,形成了从城市环境到自然环境的过渡空间,为营造园林主体空间豁然开朗的效果打下了基础。

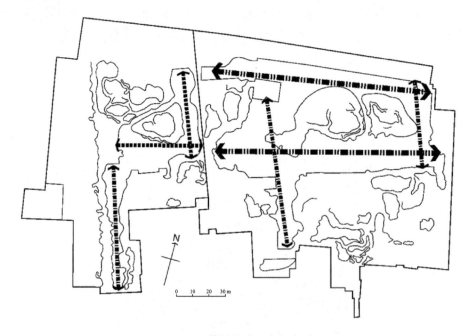

图 4-56　苏州拙政园空间序列

(资料来源:改绘自饶飞《拙政园空间结构解析》。)

2)苏州留园

苏州留园作为私家庭园,谈不上什么人流路线,也不存在什么轴线关系,空间序列按迂回、循环的形式组织。由入口经过幽折、狭长的一系列空间后进到庭园的中心部分,借欲扬先抑的方法使人获得豁然开朗的感觉。由中心部分至五峰仙馆前院又经历了一收一放的过程,再由此至林泉耆硕之馆,几经迂回曲折又一次使人顿觉开朗。由这里绕到庭园的北部和西部则明显地使人感受到一种田园式的自然风味。最终经闻木樨香轩又意外地回到庭园的中心部分。至此,完成了留园的一个空间序列循环(图 4-57)。

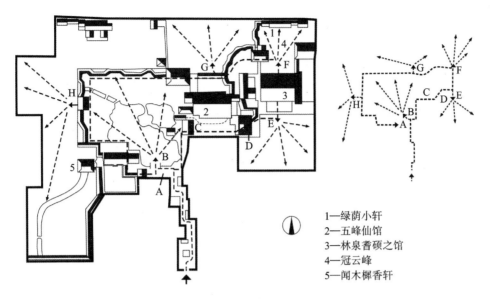

1—绿荫小轩
2—五峰仙馆
3—林泉耆硕之馆
4—冠云峰
5—闻木樨香轩

图 4-57 苏州留园空间序列

（资料来源：改绘自彭一刚《建筑空间组合论》。）

参 考 文 献

[1] 武进.中国城市形态:结构、特征及其演变[M].南京:江苏科学技术出版社,1990.

[2] 陈锦棠,田银生.形态类型视角下广州建设新村的形态演进[J].华中建筑,2015,33(4):127-131.

[3] 陈锦棠,姚圣,田银生.形态类型学理论以及本土化的探明[J].国际城市规划,2017,32(2):57-64.

[4] 康泽恩.城镇平面格局分析:诺森伯兰郡安尼克案例研究[M].宋峰,许立言,侯安阳,等,译.北京:中国建筑工业出版社,2011.

[5] WHITEHAND J W R,GU KAI. Extending the compass of plan analysis:A Chinese exploration[J]. Urban Morphology,2007,11(2):91-109.

[6] 蒋正良.意大利学派城市形态学的先驱穆拉托里[J].国际城市规划,2015,30(4):72-78.

[7] 陈飞,谷凯.西方建筑类型学和城市形态学:整合与应用[J].建筑师,2009(2):53-58.

[8] 郭鹏宇,丁沃沃.走向综合的类型学——第三类型学和形态类型学比较分析[J].建筑师,2017(1):36-44.

[9] 谷凯.城市形态的理论与方法——探索全面与理性的研究框架[J].城市规划,2001,25(12):36-42.

[10] 段进,邱国潮.国外城市形态学研究的兴起与发展[J].城市规划学刊,2008(5):34-42.

[11] 沈克宁.意大利建筑师阿尔多·罗西[J].世界建筑,1988(6):50-57.

[12] 魏春雨.建筑类型学研究[J].华中建筑,1990(2):81-96.

[13] 敬东.阿尔多·罗西的城市建筑理论与城市特色建设[J].规划师,1999,15(2):102-106.

[14] 郑景文.罗西的建筑类型学及其批判[J].四川建筑,2005,25(55):40-43.

[15] 汪丽君,彭一刚.以类型从事建构——类型学设计方法与建筑形态的构成[J].建筑学报,2001(8):42-46.

[16] 汪丽君,舒平.当代西方建筑类型学的架构解析[J].建筑学报,2005(8):18-21.

[17] 刘捷.类型:行为、意象与文化内涵[J].华中建筑,2007,25(1):64-65.

[18] WHITEHAND J W R, GU KAI. Urban conservation in China: Historical development, current practice and morphological approach[J]. Town Planning Review, 2007, 78(5): 643-670.

[19] 陈锦棠, 姚圣, 田银生. 康泽恩城市形态学视角下住区研究的启示[J]. 城市发展研究, 2014, 21(2): 14-21.

[20] 姚圣, 陈锦棠, 田银生. 康泽恩城市形态区域化理论在中国应用的困境及破解[J]. 城市发展研究, 2013, 20(3): 1-4.

[21] 黄慧明, 田银生. 形态分区理念及在中国旧城地区的应用——以1949年以来广州旧城的形态格局演变研究为例[J]. 城市规划, 2015, 39(7): 77-86.

[22] 田银生, 谷凯, 陶伟. 城市形态学、建筑类型学与转型中的城市(英文版)[M]. 北京: 科学出版社, 2014.

[23] CHEN FEI. Typomorphology and the crisis of Chinese cities[J]. Urban Morphology, 2008, 12(2): 131-133.

[24] CHEN FEI. Typomorphology and public participation in China[J]. Urban Morphology, 2010, 14(2): 124-127.

[25] CHEN FEI. The role of typomorphology in sustaining the cultural identity of Chinese cities: The case study of Nanjing, China[D]. Glasgow: University of Strathclyde, 2009.

[26] CHEN FEI. Interpreting urban micromorphology in China: Case studies from Suzhou[J]. Urban Morphology, 2012, 16(2): 133-148.

[27] 王敏, 田银生, 陈锦棠, 等. 康泽恩城市边缘带研究述评及其本土化运用探[J]. 规划师, 2011, 27(10): 119-123.

[28] 陈飞. 一个新的研究框架: 城市形态类型学在中国的应用[J]. 建筑学报, 2010(4): 85-90.

[29] 丁沃沃, 刘青昊. 城市物质空间形态的认知尺度解析[J]. 现代城市研究, 2007, 22(8): 32-41.

[30] 刘铨, 丁沃沃. 城市肌理形态研究中的图示化方法及其意义[J]. 建筑师, 2012(1): 5-12.

[31] 丁沃沃. 基于城市设计的城市形态数据化浅析[J]. 江苏建筑, 2018(1): 3-7.

[32] 杨俊宴, 吴浩, 金探花. 中国新区规划的空间形态与尺度肌理研究[J]. 国际城市规划, 2017, 32(2): 34-42.

[33] 叶茂盛, 李早. 基于聚类分析的传统村落空间平面形态类型研究[J]. 工业建筑, 2018(11): 50-55.

[34] 谭文勇, 高翔. 山地城镇形态变迁的文化解读——以重庆市饮水村片区为例[J]. 西部人居环境学刊, 2017, 32(4): 96-102.

[35] OLTVEIRA VITOR. Urban morphology：An introduction to the study of the physical form of cities[M]. Switzerland：Springer，2016.

[36] DEMPSEY NICOLA，BROWN CAROLINE，RAMAN SHIBU，etal. Elements of urban form[M]//JENKS MIKE，JONES COLIN. Dimensions of the sustainable city. Switzerland：Springer，2010：21-51.

[37] 莫里斯 A E J. 城市形态史——工业革命以前[M]. 成一农，王雪梅，王耀，等，译. 北京：商务印书馆，2011.

[38] 吴志强，李德华. 城市规划原理[M]. 4 版. 北京：中国建筑工业出版社，2010.

[39] 周春山. 城市空间结构与形态[M]. 北京：科学出版社，2007.

[40] 黄光宇. 山地城市学原理[M]. 北京：中国建筑工业出版社，2006.

[41] 赵景柱，宋瑜，石龙宇，等. 城市空间形态紧凑度模型构建方法研究[J]. 生态学报，2011，31(21)：6338-6343.

[42] GUINDON BERT，ZHANG YING. Using satellite remote sensing to survey transport-related urban sustainability：Part Ⅱ. results of a Canadian urban assessment[J]. International Journal of Applied Earth Observation and Geoinformation，2007，9(3)：276-293.

[43] 张治清，贾敦新，邓仕虎，等. 城市空间形态与特征的定量分析——以重庆市主城区为例[J]. 地球信息科学学报，2013，15(2)：297-306.

[44] 朱玮. 城市空间形态定量研究评述[J]. 山西建筑，2009，35(30)：42-43.

[45] 曲国庆，汤天军. 城市平面形态的分维描述[J]. 淄博学院学报(自然科学与工程版)，2002，4(1)：17-19.

[46] 蔡博峰，张增祥，刘斌，等. 基于遥感和 GIS 的天津城市空间形态变化分析[J]. 地球信息科学，2007，9(5)：89-93＋封 2.

[47] 李琳，黄昕珮. 基于"紧凑"内涵解读的紧凑度量与评价研究——"紧凑度"概念体系与指标体系的构建[J]. 国际城市规划，2012，27(1)：33-43.

[48] 林炳耀. 城市空间形态的计量方法及其评价[J]. 城市规划汇刊，1998(3)：42-45.

[49] 谈文琦，徐建华，岳文泽，等. 上海城市土地利用格局的景观生态学分析[J]. 生态科学，2004，23(2)：114-117＋123.

[50] 苗作华，陈勇，曾向阳. 基于斑块聚集的城市土地利用空间布局研究[J]. 地理与地理信息学，2013，29(1)：56-59＋113.

[51] 邬建国. 景观生态学——格局、过程、尺度与等级[M]. 2 版. 北京：高等教育出版社，2007.

[52] 任志远，张艳芳，等. 土地利用变化与生态安全评价[M]. 北京：科学出版社，2003.

[53] 张林波,李伟涛,王维,等.基于 GIS 的城市最小生态用地空间分析模型研究——以深圳市为例[J].自然资源学报,2008,23(1):69-78.

[54] 凯文·林奇.城市形态[M].林庆怡,陈朝晖,邓华,译.北京:华夏出版社,2001.

[55] 王笑凯.天际线解读[D].武汉:华中科技大学,2004.

[56] 牟惟勇.城市天际线的研究与控制方法——以青岛滨海天际线为例[D].青岛:青岛理工大学,2012.

[57] 张荣超.风景名胜公园天际线研究——以玄武湖为例[D].南京:南京林业大学,2009.

[58] 泉州市城乡规划局,德国 ISA 意厦国际设计集团,泉州市城市规划设计研究院.城市天际线塑造与管理控制方法研究——泉州城市特色天际线的延续与整体发展[M].上海:同济大学出版社,2009.

[59] 徐苇葭.基于量化视角的城市天际线美学标准研究[D].天津:天津大学,2018.

[60] 徐煜辉,吕翀.三峡库区城市轮廓线要素研究[J].新建筑,2007(5):16-19.

[61] 高源,高军军,徐卞融.诗情画意——南京重要城市轮廓线研究解析[J].建筑与文化,2009(10):82-84.

[62] HEATH TORM, SMITH G SANDY, BILL LIM. Tall buildings and the urban skyline:The effect of visual complexity on preferences[J]. Environment and Behavior,2000,32(4):541-556.

[63] STAMPS A E,NASAR J L,HANYU K. Using preconstruction validation to regulate urban skylines[J]. Journal of the American Planning Association,2005,71(1):73-91.

[64] 钮心毅,李凯克.基于视觉影响的城市天际线定量分析方法[[J].城市规划学刊,2013(3):99-105.

[65] 彭麒晓.城市天际线的评价与控制方法研究——以合肥市滨湖新区为例[D].合肥:合肥工业大学,2015.

[66] 毕文婷.城市天际轮廓线的保护与设计——以重庆主城区天际轮廓线为例[J].重庆建筑,2005(11):32-35.

[67] 金广君,蔡瑞定.经络学视角下的城市廊道作用机理诠释[J].规划师,2014,30(6):116-122.

[68] 蔡瑞定.经络学视角下城市廊道的作用机理研究[D].哈尔滨:哈尔滨工业大学,2016.

[69] 许从宝,李青晓,田晨,等.城乡规划领域廊道相关研究述评[J].规划师,2017,33(4):5-11.

[70] 余洋,甄峰.景观生态学视角下城市廊道规划实例研究[J].环境与可持续发展,2009,34(5):38-40.

[71] 吕海燕,李政海,李建东,等.廊道研究进展与主要研究方法[J].安徽农业科学,2007,35(15):4480-4482+4484.

[72] 金广君,吴小洁.对"城市廊道"概念的思考[J].建筑学报,2010(11):90-95.

[73] 傅伯杰,陈立顶,马克明,等.景观生态学原理及应用[M].北京:科学出版社,2001.

[74] 宗跃光.城市景观生态规划中的廊道效应研究——以北京市区为例[J].生态学报,1999,19(2):145-150.

[75] FORMAN R T T,GODRON M. Landscape ecology[M]. NewYork:John Wiley and Sons,1986.

[76] 王雪强,漆皓,张一飞.以城市生态廊道为导引的德兴市现代服务业聚集区城市设计研究[J].建筑与文化,2018(11):151-154.

[77] 陈爱华,叶文.城市绿色廊道结构和功能研究进展[J].湖北林业科技,2012(3):65-69.

[78] 滕明君.快速城市化地区生态安全格局构建研究——以武汉市为例[D].武汉:华中农业大学,2011.

[79] 徐晓波.城市绿色廊道空间规划与控制[D].重庆:重庆大学,2008.

[80] 郑阳.城市视线通廊控制方法研究——以延安市宝塔山为例[D].西安:长安大学,2013.

[81] 邢忠,徐晓波.城市绿色廊道价值研究[J].重庆建筑,2008(5):19-22.

[82] 沈泽昊.景观生态学的实验研究方法综述[J].生态学报,2004,24(4):769-774.

[83] 邢忠.边缘区与边缘效应——一个广阔的城乡生态规划视域[M].北京:科学出版社,2007.

[84] 杨俊宴,孙欣,潘奕巍,等.景与观:城市眺望体系的空间解析与建构途径[J].城市划,2020,44(12):103-112.

[85] 黄琪.城市制高空间设计研究[D].重庆:重庆大学,2002.

[86] 梁颢严,李晓晖,肖荣波.城市通风廊道规划与控制方法研究:以《广州市白云新城北部延伸区控制性详细规划》为例[J].风景园林,2014(5):92-96.

[87] 叶蕾.基于 GIS 的城市生态廊道形态研究[D].重庆:重庆大学,2005.

[88] 王建国.城市传统空间轴线研究[J].建筑学报,2003(5):24-27.

[89] 成亮.浅析城市轴线在城市规划中的运用[J].现代城市研究,2009,24(1):35-42.

[90] Su M M,Wall G. A comparison of tourists' and residents' uses of the

Temple of Heaven World Heritage Site,China[J]. Asia Pacific Journal of Tourism Research,2016,21(8):905-930.

[91]　谭建欣.城市规划中的轴线理论研究[D].保定:河北农业大学,2006.

[92]　王艺平.现代建筑创作中的轴线应用研究[D].合肥:合肥工业大学,2004.

[93]　陈铠楠.城市实体轴线显性特征与价值特征研究[D].广州:华南理工大学,2016.

[94]　庄林德,张京祥.中国城市发展与建设史[M].南京:东南大学出版社,2002.

[95]　宋金萍.城市空间轴线的社会文化结构研究[D].南京:东南大学,2005.

[96]　李自智.中国古代都城布局的中轴线问题[J].考古与文物,2004(4):33-42.

[97]　董鉴泓.中国城市建设史[M].4版.北京:中国建筑工业出版社,2021.

[98]　贝纳沃罗 L.世界城市史[M].薛钟灵,余靖芝,葛明义,等,译.北京:科学出版社,2000.

[99]　沈玉麟.外国城市建设史[M].北京:中国建筑工业出版社,2007.

[100]　张立涛.城市轴线设计方法的理论与实践探索[D].天津:天津大学,2007.

[101]　袁琳溪.20世纪以来北京与华盛顿城市中轴线空间发展比较研究[D].北京:北京建筑大学,2014.

[102]　罗杰·特兰西克.寻找失落空间:城市设计的理论[M].朱子瑜,张播,鹿勤,等,译.北京:中国建筑工业出版社,2008.

[103]　胡峰.城市中轴线及其规划研究——基于卢安达新城中轴线的规划设计[D].上海:同济大学,2006.

[104]　唐子来,张辉,王世福.广州市新城市轴线:规划概念和设计准则[J].城市规划汇刊,2000(3):1-7.

[105]　吴限.叙事性景观设计研究——以四川省金堂监狱景观轴设计为例[D].重庆:重庆大学,2013.

[106]　茹竞华,田贵生.紫禁城总平面布局和中轴线设计[C]//于倬云,朱诚如.中国紫禁城学会论文集(第三辑).北京:紫禁城出版社,2004:179-188.

[107]　何嘉宁.广州传统轴线空间形态及城市设计研究[J].南京:东南大学,2003.

[108]　朱晓秋.近代广州城市中轴线的形成[J].广东史志,2002(1):31-33.

[109]　何琪萧,谭少华.浅谈城市中轴线的运用与发展——以广州市城市中轴线为例[J].智能城市,2016,2(4):216+218.

[110]　林树森.广州城市新中轴线[J].城市规划,2012,36(6):39-46+73.

[111]　培根 E N.城市设计[M].黄富厢,朱琪,译.北京:中国建筑工业出版社,2003.

[112]　陈蔚珊.论广州城市中轴线的形成与规划[J].城市观察,2011(5):124-127.

[113]　张勇强.城市形态网络拓扑研究——以武汉市为例[J].华中建筑,2001,19

(6):58-59+107.

[114] 徐鹏.城市功能布局与路网一体化分析研究[D].重庆:重庆交通大学,2016.

[115] 张斌,闵世刚,杨彤,等.里坊城市·街坊城市·绿色城市[M].北京:中国建筑工业出版社,2014.

[116] 牛瑞玲.西安城市中轴线问题初探——西安城市形态深层结构研[D].西安:西安建筑科技大学,2005.

[117] 王学勇,周岩,邵勇,等.当前城市路网形态规划的思考:从里坊城市向街坊城市迈进[C]//中国城市规划学会城市交通规划学术委员会.交通变革:多元与融合 2016 年中国城市交通规划年会论文集.北京:中国建筑工业出版社,2016:1-9.

[118] 斯蒂芬·马歇尔.街道与形态[M].苑思楠,译.北京:中国建筑工业出版社,2011.

[119] 陈晓扬.街道网形态研究[J].新建筑,2003(6):8-10.

[120] 谭文勇,张楠.20 世纪美国住区道路形态的变迁与启示[J].建筑学报,2019(10):110-117.

[121] 周钰.街道界面形态的量化研究[D].天津:天津大学,2012.

[122] 苑思楠.城市街道网络空间形态定量分析[D].天津:天津大学,2011.

[123] 王轩轩.中国城市的小地块街区模式初探[D].南京:东南大学,2007.

[124] 邓婧蓉,青木信夫,郑颖.天津原日租界区街廓形态研究[J].建筑与文化,2016(2):86-88.

[125] 肖亮.城市街区尺度研究[D].上海:同济大学,2006.

[126] 冯驰.有活力的城市街区模式研究[D].长沙:湖南大学,2007.

[127] 王昭.城市小尺度街区研究[D].合肥:合肥工业大学,2013.

[128] 雅各布斯 A B.伟大的街道[M].王又佳,金秋野,译.北京:中国建筑工业出版社,2009.

[129] 包赞巴克 K D.开放街区——以欧路风格住宅和马塞纳新区为例[J].城市环境设计,2015,93(6):38-41.

[130] 肖彦.绿色尺度下的城市街区规划初探——以武汉市典型街区为例[D].武汉:华中科技大学,2011.

[131] 张剑.城市中的街坊坊中的城市——居住街坊地块划分尺度的调查分析[D].上海:同济大学,2009.

[132] 李静.城市街区单元平面形态的变化趋势研究——以重庆市沙坪坝区为例[D].重庆:重庆大学,2015.

[133] 李炬.西安明城区街区形态的类型化基础研究[D].西安:西安建筑科技大学,2013.

[134] 赵燕菁.从计划到市场:城市微观道路—用地模式的转变[J].城市规划,
2002,26(10):24-30.

[135] 尤娟娟.我国城市街区型住区规划研究初探[D].重庆:重庆大学,2010.

[136] 朱怿.从"居住小区"到"居住街区"——城市内部住区规划设计模式探析
[D].天津:天津大学,2006.

[137] 李佳阳.空间模数方法在城市设计中的运用初探[D].西安:西安建筑科技大
学,2013.

[138] 黄烨勍,孙一民.街区适宜尺度的判定特征及量化指标[J].华南理工大学学
报(自然科学版),2012,40(9):131-138.

[139] 罗小强,蔡辉.基于交往空间功能测度的城市路网间距研究[J].规划师,
2012,28(z2):22-25＋29.

[140] 王彦辉.走向新社区:城市居住社区整体营造理论与方法[M].南京:东南大
学出版社,2003.

[141] 陈代俊.重庆历史城区空间形态类型特征与基因解析——基于街区和建筑
的尺度[D].重庆:重庆大学,2019.

[142] 牟秋,李永华.小街区道路网规划布局方法研究[J].交通科学与工程,2017,
33(3):82-86.

[143] 叶彭姚,陈小鸿.基于交通效率的城市最佳路网密度研究[J].中国公路学报,
2008,21(4):94-98.

[144] 覃鹏,朱方方,王正.城市中心区大街区与小街区交通效率比较分析[J].综合
运输,2016,38(11):58-63＋77.

[145] 赵方彤.西安市区建筑后退道路红线距离的研究[D].西安:西安建筑科技大
学,2016.

[146] 芦原义信.外部空间设计[M].尹培桐,译.北京:中国建筑工业出版社,1985.

[147] 陈晓菲.山地城市外部空间界面景观设计研究——以重庆为例[D].重庆:重
庆大学,2006.

[148] 皮佳佳.基于语义网络法的街道设计分析[D].哈尔滨:东北林业大学,2014.

[149] 周钰,吴柏华,甘伟,等.街道界面形态量化测度方法研究综述[J].南方建筑,
2019(1):88-93.

[150] 沈磊,孙洪刚.效率与活力:现代城市街道结构[M].北京:中国建筑工业出版
社,2007.

[151] 周钰,赵建波,张玉坤.街道界面密度与城市形态的规划控制[J].城市规划,
2012,36(6):28-32.

[152] 陈泳,赵杏花.基于步行者视角的街道底层界面研究——以上海市淮海路为
例[J].城市规划,2014(6):24-31.

[153]　曾辉燕.滨湖新区空间形态的设计策略与设计控制研究[D].广州:华南理工大学,2008.

[154]　杨奕人.城市高密度开发下的眺望景观规划方法研究[D].南京:东南大学,2010.

[155]　方霞.城市肌理形态的表述研究[D].南京:南京大学,2007.

[156]　马琰.规划视角下的城市肌理研究初探[D].西安:西安建筑科技大学,2008.

[157]　徐丹.论城市肌理——城市人文精神复兴的重要议题[J].现代城市研究,2007,22(2):23-32.

[158]　郭磊.城市肌理与空间形态[J].城市规划通讯,2004(9):16-17.

[159]　胡俊.中国城市:模式与演进[M].北京:中国建筑工业出版社,1995.

[160]　柯林·罗,弗瑞德·科特.拼贴城市[M].童明,译.北京:中国建筑工业出版,2003.

[161]　齐康.城市环境规划设计与方法[M].北京:中国建筑工业出版社,1997.

[162]　阿尔多·罗西.城市建筑学[M].黄士钧,译.北京:中国建筑工业出版社,2006.

[163]　童明.城市肌理如何激发城市活力[J].城市规划学刊,2014(3):85-96.

[164]　顾震弘,韩冬青.以南京中华门地区为例考察影响城市肌理的若干因素[J].现代城市研究,2002,17(3):24-27.

[165]　李山,轩新丽.管子[M].北京:中华书局,2019.

[166]　张红卫.美国首都华盛顿城市规划的景观格局[J].中国园林,2016,32(11):62-65.

[167]　孙晖,梁江."街廓"的意义[C]//中国城市规划学会.城市规划面对面——2005城市规划年会论文集.北京:中国水利水电出版社,2005:937-944.

[168]　姚圣.中国广州和英国伯明翰历史街区形态的比较研究[D].广州:华南理工大学,2013.

[169]　赵云飞.基于形态类型学理论的阿依墩历史街区保护与更新研究[D].重庆:重庆大学,2017.

[170]　魏羽力.地块划分的类型学——评大卫·芒冉和菲利普·巴内瀚的《都市方案》[J].新建筑,2009(1):115-118.

[171]　杨春侠,史敏,耿慧志.基于城市肌理层级解读的滨水步行可达性研究——以上海市苏州河河口地区为例[J].城市规划,2018,42(2):104-114.

[172]　王建国.现代城市设计理论和方法[M].南京:东南大学出版社,2001.

[173]　衰峻.城市肌理研究[D].上海:同济大学,2000.

[174]　斯皮罗·科斯托夫.城市的形成历史进程中的城市模式和城市意义[M].单皓,译.北京:中国建筑工业出版社,2005.

[175] 陆润东.基于图底关系理论的深圳城中村公共空间研究[D].深圳:深圳大学,2017.

[176] 王树声.隋唐长安城规划手法探析[J].城市规划,2009,33(6):55-58+72.

[177] SALAT SERGE.城市与形态:关于可持续城市化的研究[M].北京:中国建筑工业出版社,2012.

[178] 张杰,邓翔宇,袁路平.探索新的城市建筑类型,织补城市肌理——以济南古城为例[J].城市规划,2004(12):47-52.

[179] 赵力.德国柏林波茨坦广场的城市设计[J].时代建筑,2004(3):118-123.

[180] 肯尼思·鲍威尔.旧建筑改建和重建[M].于馨,杨智敏,司洋,译.大连:大连理工大学出版社,2001.

[181] 张鹰.基于愈合理论的"三坊七巷"保护研究[J].建筑学报,2006(12):40-44.

[182] 金广君.图解城市设计[M].北京:中国建筑工业出版社,2010.

[183] 孙颖,殷青.浅谈图底关系理论在城市设计中的应用[J].建筑创作,2003(8):30-32.

[184] 李佳丽,邓蜀阳.从城市"图—底"关系看城市空间秩序[J].规划师,2014,30(8):127-131.

[185] 李梦然,冯江.诺利地图及其方法价值[J].新建筑,2017(4):11-16.

[186] 谭文勇,阎波."图底关系理论"的再认识[J].重庆建筑大学学报,2006,28(2):28-32.

[187] 王殊.当代中国城市广场设计的研究与思考——以西单文化广场为例[D].北京:北京林业大学,2009.

[188] 李晨.西安城市中轴线空间序列演变与发展研究[D].西安:西安建筑科技大学,2014.

[189] 彭一刚.建筑空间组合论[M].北京:中国建筑工业出版社,2008.

[190] 戈登·卡伦.简明城镇景观设计[M].王钰,译.北京:中国建筑工业出版社,2009.

[191] 孙翌.基于视知觉整体性的空间序列关系研究[D].杭州:浙江大学,2011.

[192] 秦晓博.事件型纪念馆空间序列设计研究[D].广州:华南理工大学,2014.

[193] 林隽.面向管理的城市设计导控实践研究[D].广州:华南理工大学,2015.

[194] 薛亦暄.基于空间序列的城市景观大道空间优化设计研究——以济南市经十路为例[D].济南:山东建筑大学,2017.

[195] 戴俭.禅与禅宗寺院建筑布局研究[J].华中建筑,1996(3):1.

[196] 张朝晖,张黎红.关于禅宗寺院空间的思考[J].青岛建筑工程学院学报,1999(3):13-17.

[197] 束晨阳.富兰克林·德拉诺·罗斯福总统纪念公园[J].中国园林,1988(3):59-61.

[198] 朱赛鸿,刘佳鸣.纪念性景观设计中的教育性——以南京大屠杀纪念馆和罗斯福纪念公园为例[J].美术大观,2018(5):108-109.

[199] 张丹丹.建筑空间中的情感体验——丹尼尔·李伯斯金及柏林犹太人博物馆[J].中外建筑,2012(6):75-77.

[200] 王志阳.博物馆的叙事性表达——解析柏林犹太人博物馆[J].公共艺术,2017(1):51-55.

[201] 饶飞.拙政园空间结构解析[D].北京:北京林业大学,2012.